U0292118

科学、文化与人 经典文丛

流光墨韵

陈芳烈 著

陈芳烈科学文化记忆

科学普及出版社

·北京·

图书在版编目（CIP）数据

流光墨韵：陈芳烈科学文化记忆 / 陈芳烈著.
— 北京 ：科学普及出版社，2015.1
（科学、文化与人经典文丛）
ISBN 978-7-110-08851-7

Ⅰ.①流… Ⅱ.①陈… Ⅲ.①科学普及-文集 Ⅳ.①N4-53

中国版本图书馆CIP数据核字(2014)第303024号

策划编辑：苏　青　徐扬科
责任编辑：吕　鸣
装帧设计：耕者设计工作室
责任校对：王勤杰
责任印制：李春利

出版发行：科学普及出版社
地　　址：北京市海淀区中关村南大街16号
邮　　编：100081
发行电话：(010) 62173865
传　　真：(010) 62179148
投稿电话：(010) 62176522
网　　址：http://www.cspbooks.com.cn

开　　本：787毫米×960毫米　1/16
字　　数：280千字
印　　张：18
版　　次：2015年1月第1版
印　　次：2015年1月第1次印刷
印　　刷：北京中科印刷有限公司

书　　号：ISBN 978-7-110-08851-7/N · 200
定　　价：40.00元

作者简介

陈芳烈 1938年生，浙江省人。1962年毕业于北京邮电学院。同年入人民邮电出版社，历任助理编辑、编辑、《电信技术》主编，《电信科学》主编，人民邮电出版社副总编辑、总编辑。在职期间，先后受聘中国科学技术大学、南京邮电学院、重庆邮电学院、邮电管理干部学院等院校任兼职教授。1998年退休后，被聘为中国电信网站总编辑和《中国数据通信》杂志总编辑历时8年。1990年被授予"有突出成绩的科普作家"荣誉证书；1991年被评为编审；1992年起享受国务院颁发的政府特殊津贴；1996年获"全国先进科普工作者"荣誉称号以及第二届"高士其科普基金奖"；1999年担任中国科普作家协会副理事长，2012年10月卸任。在中国科普作家协会第六次全国代表大会上，被推举为中国科普作家协会荣誉理事。2011年，被聘担任北京市科学技术委员会科普工作顾问。著译有《电信革命》《现代电信剪影》《现代电信百科》等专业类和科普类图书20余种，发表短篇科普作品、论文约300余篇。2007年策划和主编的《e时代N个为什么》丛书获国家科技进步二等奖。

序

　　由科学普及出版社出版的《流光墨韵》，是以我国著名科普作家陈芳烈先生半个多世纪策划与创作的科普精华作品为题材，以科学文化为纽带编撰的自选作品集。

　　全集分为"文化记忆""科普随笔"和"编创杂谈"三个部分，全面展示了作者多年来积淀和形成的科普创作理念、创作经验、创作技巧和创作成果。强调科学与文化艺术的融合，强化作品的时代感和时尚元素，改变科学的死板面孔和枯燥说教，倡导通过故事讲科学，运用科学讲故事，采取一切可利用的现代传媒技术，把文字的作品辅以画面，纸制的作品电子化，抽象的作品形象化，让科学普及生动活泼，通俗易懂，触手可及，深入社会，方便大众。我相信，每位科普工作者都会从陈芳烈先生的先进创作理念和丰富的创作经验中受到启迪。

　　陈芳烈先生在大学时代主修电信专业，工作后又一直在电信行业，这使得身处瞬息万变信息时代的他，能够得天独厚地及时掌握时代信息，运用信息科学和信息技术滋润科普创作。比如，人们几乎都知道"泰坦尼克号"海难是因轮船在航行中撞上了冰山，可是谁曾知道它遇险无救的主要原因却是船上的电报机和发出的信号出了问题，以致失去了救援的最好时间而酿成千古惨难。陈芳烈先生撰写的《泰坦尼克号与SOS》，不仅使人们重温那场海难惊心动魄的场面，更能了解无线电技术的知识与应用，令读者实有屏住呼吸，一气读完之感。通过典型案例来传播科学知识和科学精神，既引人入胜，又启迪人们思索。同样，通过故事讲科学的作品更是不乏其例，他以《烽火台的诉说》为题，讲述了"烽火报警"这一古老的信息传递方式，又在《似曾相识燕归来》和《从"独舞"到"双人舞"》等文章中引出近代光通信技术以及通信与电脑的融合，这一古一今，不仅勾画出人类通信发展的脉络，也使人们受到广泛的科学文化熏陶，带着兴致读书，在读书中获得兴趣，每位读者都会从他的作品中汲取宝贵的营养。

科学普及是大众的事业，是利国利民的事业；从事科学普及工作是每位科技工作者义不容辞的社会责任。陈芳烈先生是广大科技工作者的杰出代表之一，他自1962年参加工作以来，在科技出版行业和科普创作领域辛勤耕耘五十余年，做出了突出成绩，取得了丰硕成果，撰写了近20本科普图书，300余篇文章，培养了许多年轻人才，为促进我国科普事业发展做出了突出贡献。

水急不流月，如今，年逾古稀的陈芳烈先生，仍活跃在科学普及的各种活动中，著书、撰文、授课、咨询……他的勤勉人生和奉献精神，正是科普事业最需要的。

中国科学院院士
中国科普作家协会理事长

2014年7月

前　言

2012年，科学普及出版社启动了"科学、文化与人"经典文丛的出版。这不仅表达了对科学文化的强烈关注，也给科普作家提供了一个通过科普作品和纪实性文章，诠释科普理念和坦陈心路历程的广阔平台。

蒙科学普及出版社苏青社长之眷顾，我的这本自选集也得以忝列于"文丛"之中。虽然，我从发表第一篇科普文章算起，从事科普写作至今已历经半个世纪，其中也有一定数量的作品见诸各种书报刊，但总觉亮点不多。在本自选集里，我试图以科学文化为切入点，通过作品把我对科普的理解，以及自己转战于科普与出版两条战线上的一些人生感悟真实地反映出来，以此就教于科普界、出版界的同行。

半个多世纪的笔墨生涯里，我在从事编辑和科普创作的同时，也常常触景生情、有感而发，随手记下一些自己认为值得记忆的人和事。其中有受前辈启蒙的感动，有成长中的点滴感悟，还有生活中一些难以忘怀的经历。这些都散落在本文集的"文化记忆"之中。这些文章谈不上深刻，它们只是我生命长河中一些跳动的浪花，闪烁在我的脑海之中。

由于长期供职于电信出版行业，我的视线始终没有离开过这瞬息万变的产业，并自觉或不自觉地把传播信息科学、讴歌信息时代作为自己的使命。我写的一些科普文章也大都落笔于此。在"科普随笔"部分，我选择了一些彼此独立而又相互关联的内容，来描述人类通信的沧桑巨变，以及信息时代的风云变幻。这些作品也在一定程度上反映了我对科学与人文融合等科普创新理念的粗浅理解。

在"编创杂谈"部分，我是站在出版人的立场上，谈对创新、策划和出精品图书的一些看法。其中也融入了自己职业生涯中的一些感悟，以此抛砖引玉，与科普界、出版界同行切磋。

以科学文化为视点出书，是我以前所没有想过的。今天竟也能集腋成裘，这得感谢科学普及出版社，给我提供了一个以文会友，与各方人士交流、切磋的机会。这里，我要由衷感谢刘嘉麒院士拨冗为本书作序，感谢他对我从事科普创作的一贯鼓励和支持；感谢本书责任编辑吕鸣女士对本书稿认真细致的审读，以及对由稿成书每个环节所付出的辛勤劳动；感谢苏青社长、颜实总编辑和杨虚杰、徐扬科、王建国等出版社同仁在本书的写作和出版过程中所给予的鼓励和帮助。

最后，需要说明的一点是，本书所选文章由于写作于不同的历史年代，有些内容或显陈旧，也可能会有提法欠妥之处。为尊重历史，我在汇集这些作品时，基本上保留了原作的风貌，未一一加以修改，敬请谅解。文集中，亦难免会有谬误、疏漏之处，恳请批评指正。

陈芳烈

2014年4月

目 录
CONTENTS

序

前言

文化记忆

目 录
CONTENTS

科普随笔

编创杂谈

文化记忆

主编遗风

在我36年的编辑出版生涯中，有26年时间是在办一本杂志——《电信技术》。从做助理编辑开始，到后来担任这个杂志的主编。

《电信技术》杂志的主编先后换过多任，其中给我印象最深的，便是佟树龄。他是我接触的第一位主编。

随佟树龄主编（右）到浙江桐庐调研（1973年4月）

佟主编称得上是邮电出版社的元老了，但社里老的、少的都管他叫"老佟"，没有什么人称他"官衔"，倒常有人直呼他的雅号——"老夫子"。

佟主任为什么得此雅号，我没有考究过。只是通过自己的直觉，认为他确实有点像"夫子"。他办事循规蹈矩、一板一眼，给人审稿时总强调要找依据，查出处，凡事"要说出个道道来"。 特别是对于政治性较强的稿件，他更是慎之又慎。有人说他"胆小"，也有人说他"保守"，但他却闻风不动，依然故我。

开始，我对他那份"抠"劲也很不习惯，认为是多少有点"草木皆兵"。后来，经历的事多了，便渐渐意识到，干我们这一行的，"白纸黑字"，不"抠"的确不行，不"抠"就可能出问题。有一次，我们的杂志装印完毕后发现封二栏头上的"自力更生"错成"自立更生"了。由于差错出在严肃的政治口号上，这是绝对不容许的，非返工不可！于是乎，动员全社职工，整整花了一个星期的时间来改错，刊物也因此而误了期。类似的事，在我当期刊编辑期间及之后，曾发生过多次。究其原因，都是由于"抠"得不够，审得不严。

老佟的言传身教，对我这个新编辑还是很有影响的。我由此也渐渐养成了在编稿或审稿中查资料、找依据的习惯。我的案头总是放着"词典""标准"一类的工具书，对于文章中任何一个疑点，都会先用铅笔做个记号，事后一一查核或提出与作者商榷。搞清一个问题，就用橡皮擦去一个问号，直到把所有问题都解决，心里踏实下来为止。这样的习惯，一直坚持到了今天。

老佟是我接触的领导中，少数几个可以和他随便开玩笑、提尖锐意见的人。因为，和他说话，无论说重说轻，都不必担心会被他"穿小鞋"或"秋后算账"。从表面上看，似乎人们不把他"放在眼里"，无视他的"尊严"，但仔细想来，这恰恰折射出了他人格的魅力。人们对他不设防，是对他最大的信任和尊重。还有什么能比得上"推心置腹"更珍贵的呢？

在"运动"频繁的20世纪六七十年代，我从没有听说老佟整过什么人。有的只是善意劝导、真诚帮助和身先士卒的垂范。

老佟不善言辞，默默工作。从同事那里听到过不少关于他让工资、捐善款的传闻，我没有核实过，但编辑部每月的评奖会却是切身感受到的。几乎每一次评奖，他都退避三舍，执意把名额让给其他人。对下属，他关心备至。每次出差去杭州，他都会找到我的家门，踏上那吱吱作响的楼梯，去看望我年迈的双亲。我的父母亲每当提起这件事，都有一种发自内心的感激和感动。

20世纪60年代，国家经济还比较困难，大家拿的都是低工资。很多年，我都是拿56元工资，除了自己的开销，还要供养父母，生活过得紧巴巴的。老一代编辑要比我们好一点，有的还享受肉蛋配给，人称"肉蛋干部"，有的享受糖和豆的配给，人称"糖豆干部"。老佟虽说也是"肉蛋干部"，但他上有老、下有小，日子过得也并不宽裕，可他对人却很大方，常常听到他在别人困难时解囊相助的事。我自己也亲历一回，至今难忘。

1969年5月19日，在人民邮电出版社老人的心中永远留下一个难以消失的阴影。那一天，在一列开往武汉方向的列车上，出版社"文化革命委员会"主任铁青着脸宣布：人民邮电出版社撤销了。

由于这"连锅端"的下放决定来得如此突然，以致每个人走得都那么匆忙。因为要一辈子在农村扎下去，带的东西自然也就不少。像箱子、蚊帐、厚被、草帽、军用水壶等一年四季要用的东西都要备齐，这使得原本便颇有点经济拮据的我感到不堪承受。不料这种情况被细心的佟树龄主编察觉到了。他没多说什么，硬是往我手里塞了50元钱，说："你就先用它买点必需品吧。"看我有点犹豫，他又善解人意地说："没有关系的，等将来你有钱了再还我就是了，没有钱也可以不还。"我不知说什么好，只是感到这钱拿在手里沉甸甸的。

当年50元钱是很顶用的，可以买不少东西。我用它买了蚊帐、箱子、背包等下放所需的用品，解了燃眉之急。

佟主编借给我的这笔钱，我一直放在心里。在我经济状况稍有好转时，几次想把这钱还给他，但都没有好意思出手。因为时间已经过去很多年了，同样是50元钱，现在已经买不了一两件像样的东西了。如果付给佟主编利息，按照他的为人，是绝对不会收的。在犹豫中不知不觉又拖了些时日，可心里却依然忘不了这件事。

"文化大革命"之后，人民邮电出版社终于恢复了。《电信技术》也回到了北京东长安街上那座颇具历史意义的小木楼里办公。老佟还是大主编，我也从湖北阳新的一个工厂被召了回来，继续在他手下当一名普通编辑。在生活安定下来后，我又想起了老佟的那50元钱。有一天，我终于双手把钱奉还给了老佟，只深情地说了声"谢谢"，其他一切都在不言之中。

人们常说，一个人做一件好事容易，难的是一辈子做好事。老佟就是这样一个把扶危济贫、报效社会作为自己一生事业的人。

人民邮电出版社的老人们在南戴河海滨留影（右4为佟树龄主编）　（2001年6月）

2007年9月，当他从《新华每日电讯》上看到《为了不让桃园沟变成"文盲沟"，湖北山区女教师胡安梅坚守15年》的报道后，便深为感动，决定加入助学山区贫困儿童的行列。这几年，经胡老师的介绍，他先后资助了多名山区儿童，使他们重返了校园。每当他收到被资助孩子的来信时，心中都感到十分欣慰。他说："从一个个孩子的成长里，我体会到快乐，感受到生命的意义"；"虽然我老了，但是还能为山区贫困学生做些

两位退休老人的合影（右为佟树龄）（2005年）

贡献感到非常高兴"；"认识了一些青少年朋友，也为我的老年生活增添不少乐趣"。

转眼间，老佟90岁了。虽然已是满头银发，步履蹒跚，但却依然焕发着其生命的青春，向社会、向需要帮助的人传送着温暖和真爱。

杂家施镭

人们常把编辑称为"杂家"。当我第一次听到这个称谓时，大不以为然，还有几分不屑。但现在回首30多年的编辑生涯，方知成为"杂家"并不容易。在我接触过的人中，称得起"杂家"的人真是屈指可数，而施镭则是当之无愧的一位。

我开始从事编辑工作的时候，施镭已是著名科普刊物《无线电》的主编。那时，我在另一本专业期刊《电信技术》当助理编辑，从组织关系或专业上讲，彼此都不搭界。但没有想到，一次与他偶然的接触，却催生了我的第一篇科普短文，他还成了我的第一位审稿人和科普引路人。

1964年的一个清晨，我和往日一样利用早餐前这点时间，在离单身宿舍不远的院子里，坐在小马扎上念英文。临开饭前，只见一位老编辑笑着向我走来。他看了看我手里拿的英语读本，温和地说："学点英语很好。不过，要掌握一种语言，光念还不行，把学和用结合起来才会牢固。"说着，他便把手中的一本国外期刊递给我，说："这里有一篇关于电视电话的最新报道。你是学电信的，不妨试着译译看。"看我有点犹豫，他便鼓励说："这一方面可以检验你的英语学得怎么样了，也可以练练笔。"为了不辜负一位老编辑的鼓励和信任，我从他手中把杂志接了过来。心想，就当一次课外作业，请他指点指点也好。半个多月后，我把自己所做的"练习"交给了施镭主编。

没有想到的是，两个月后，我的这篇译作竟然在《无线电》杂志上登了出来，还署了我的名字，题目便叫做《电视电话》。施镭主编不仅对我的译稿作了关键性的修改，使文章比我的译稿准确、通顺、简洁了，还为它配上了一幅形象生动的插图，把电视电话这项初露头角的新技术以一个生动、具体的形象呈现在读者面前。我仔细地琢磨着他的每一处修改，获益匪浅。由此也让我领会到插图在科普文章中的作用。特别是当我得知这幅生动的插图是施镭主编亲手绘制时，更是感动。人们常说编辑是"无名英雄"，从施镭主编身上，我看到了。他对年轻编辑的无私帮助、苦心栽培，他对稿件那种一丝不苟的认真态度，以及通过稿件的修改所表现出的深厚功底，都不禁使我肃然起敬。这对我日后的编辑生涯产生了无比巨大的影响。

后来从一些老同志那里，我知道施镭传奇般的经历。他是话务员出身，全靠刻苦钻研，积累了十分渊博的知识。他不仅熟悉无线电专业知识，还有很强的动手能力，能装、修收音机和电视机。他能文善画，有很好的文学和艺术功底。他写的诗和科普作品屡屡获奖，是一位很有名望的科普作家；他的油画、水墨画甚至达到了专业水平。我曾亲睹他画的自画像和"北海雪景"，皆栩栩如生。他常常自己动手为杂志和图书配插图，他画的插图不仅能揭示科学的内涵，其构图之巧妙、运笔之流畅也都在一般美编之上。施镭还是一个翻译家，通晓六七国语言。除此，他对化学、物理、航空等领域也都有广泛的涉猎。一次偶然的机会，我到过他家。在他家里，除起居用品外，还有一地的化学试瓶、航空模型等，简直像是个实验室。

在施镭等人主编《无线电》杂志期间，杂志的月发行量曾达到180万份，还需凭证才能订阅，真是到了"洛阳纸贵"的地步。细想起来，这主要是他们善于利用当时的"装机热"（装收音机、电视机），与无线电的"发烧友"形成了互动。当时的《无线电》几乎每个月都要推出一种新机型，从单管机到超外差收音机，还为读者提供了购买元件等配套服务。《无线电》不仅是传播无线电知识的生力军，还成了众多无线电爱

《无线电》杂志原主编、科普作家、翻译家施镭（第2排右3）和他的同事们

好者争奇斗胜的竞技场。我见过不少企业的老板、技术人员，还有一些单位的电工都说自己是读《无线电》长大的。一本杂志能有这么多的粉丝，这与《无线电》有一批实力强、重实践的编辑是分不开的。

虽然，我一直无缘在施镭主编手下工作，但却一直得到他无微不至的关怀和无私的提携。在他的鼓励下，我又陆续写了《电子笔》《漫谈电话》等小文章。1979年8月，中国科普作家协会成立，施镭是首批会员。不久，他便介绍我这个虽有创作热情却无像样作品发表的年轻人入会，使我从此有更多的机会接触社会，结识许多科普界的朋友，并正式走上科普创作之路。

《现代顺风耳——电话》
（1984年，科学普及出版社）

20世纪80年代初，施镭同志还推荐我参加《电子应用技术丛书》的写作。对于连一本书也没有写过的年轻人来说，施镭的信任使我惶恐不安，也倍觉珍惜。在这里，我又一次深切地体会到一位老编辑、老作家对年轻一代的期待。后来，我把自己要写的书取了个名字，叫《现代顺风耳——电话》。说实在的，我当时对能否写成这本书没有十分的把握，尽管有施镭的鼓劲和帮助，但还是底气不足。特别是对有关国际上电话的现状和未来发展趋势，掌握的资料不多，因此，我决定找当时在邮电部外事司工作的陈军同志合作。陈军同志不仅掌握很多国外资料，还有相当好的文字功底，他欣然同意了。经过近两年的努力，我与陈军合写的《现代顺风耳——电话》终于问世了，那是在1984年6月。

"文化大革命"期间，施镭蒙受不白之冤，下放时被关在"牛棚"里吃了不少苦头。后来情况稍有好转，便从干校拉车运水和种菜的岗位"上调"到干校所在的536厂，搞制定规划的工作，多才多艺的他终于有了一点施展才干的机会。碰巧我那时也在536厂，负责扩散炉的试制。由于具体工作不一样，和他接触的机会并不多。后来536厂又让他从事电话机开发工作。由于精通技术又擅长外语和绘画，他很快便设计出了不少新颖的话机，为这个厂的电话机生产奠定了基础。

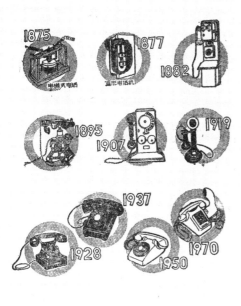

施镭绘制的"电话机发展历程图"

"文化大革命"结束后，重视人才的人民邮电出版社新一任领导把施镭调回到了他熟悉的编辑工作岗位。他加倍努力地工作，想把失去的时间抢回来，但这时他的身体已大不如前，终于积劳成疾，在1998年离开了我们，永远放下他所挚爱的事业。今天，当人们回顾人民邮电出版的历史，历数那些以自己的青春和才华为出版事业奠基、添彩的人，都会提到他——施镭，一个才华横溢的奇才，一个一生坎坷的编辑家、科普作家、翻译家、画家和诗人。人们赞扬他，更为他的早逝而扼腕叹息。

施镭同志留给我的唯一有形的纪念，是他为我那本《现代顺风耳——电话》所绘的一张插图。那是在书的第50页上。当时，我写这本书的时候，很需要一张能反映电话发展历程的各个历史时期的电话机的图，但由于手头没有原始资料，不好去找绘图人员画。施镭同志得知后，欣然把他亲手绘制的一幅图给了我，使我的小书大为增色。现在，每当我看到这幅插图时，便百感交集，心中有一种说不出的感动。他还对我说："只要我手头有的，你都可以随便用"，真诚与慷慨溢于言表。我为与这位老编辑、老科普作家在精神境界和学识水平之间存在的诸多差距而汗颜。我常想，比起那些前辈，我又有什么理由满足，又有什么理由不奋进呢！

《我的科普情结》，2009年

小院的故事

我这里说的小院已不复存在，但它却永远留在我的心中。

这是一座位于北京东四六条13号的平常院落。说它平常，是由于它既不奢华，又无与哪位名人有关联的背景。我写它，不仅是因为在那里，有我一段十分亲切的回忆；也因为它的命运，多少折射出了那个时代的风风雨雨。

"小院"是人民邮电出版社的旧址。两层的办公小楼和西边的生活区，都是一色的灰砖黛瓦，邮电绿的门窗掩映在果木和繁花之中。它不是园林，却胜似园林。因为这里的一草一木，都是由在这里办公的"一百零八将"（当时邮

1963年10月，人民邮电出版社成立10周年，108位员工合影于东四六条13号"小院"办公楼前

电出版社有员工108人，故戏称之）亲手栽培和养护的，因而倍觉亲切。办公小楼与生活区有回廊相连，院中还有可供员工歇息的葡萄架，简朴中使人感到无比温馨。

这里是我职业生涯的第一站。我在小院的"单身胡同"里住了整整五年。我爱小院的优雅和恬静，更爱透过它散发出来的浓浓的文化气息。

小院的早晨，有锻炼身体的，有晨读的，还有洒扫庭院、浇花灌草的，整个院子里充满了生机和活力。

小院里的学习气氛很浓，说是"书声琅琅"亦不为过。吃早饭之前，年轻人大多坐在小马扎上看书、读英语，一些中年编辑也早已围坐在一台苏式电视机前收听讲座——这已成了小院之常景。

小院使我感受到一个文化单位特有的气质。在这里，我养成了读书的习惯，也不时地受到它所传递出来的那种积极向上的精神的感染与熏陶。

小院是邮电出版社开始创业的地方。老一代出版人在这里奉献过他们的青春，留下了许多好的传统和不朽的业绩。是他们创立了《无线电》《电信科学》等业界名牌，培养了一代新人，从而奠定了出版社日后大发展的基石。小院曾经见证了这昔日的辉煌。

没有想到，"文化大革命"却给小院带来了莫大的灾难，也改变了所有曾在小院工作、生活过的人的命运。在"造反有理"的呼喊声中，小院花凋叶落、斯文扫地。到1969年，作为一个文化单位的邮电出版社终究难逃被撤销的命运。

1973年，邮电出版社劫后重生。但当旧日的员工一个个回到北京时，却发现小院早已被卖掉，虽几经交涉，最终也没能赎回。后来，小院便从我们的视线中彻底消失了，一座拔地而起的楼房替代了小院昔日的风景。

东四六条13号"小院"一角（1968年）

这就是我要讲的关于小院的故事。为了表达对它的怀念，我在人民邮电出版社建社60周年的文集中，以一首小诗相酬，现转抄于下。

小院，妳令我难忘

（一）

小院，妳令我难忘。

 难忘那绿树环抱的小楼，
  花木掩映的回廊；
 难忘那葡萄架下的晨读，
  微风送来的鸟语和墨香；
 难忘小楼灯下爬格子的苦乐，
  难忘冬日炉边谈笑声中度过的时光。

（二）

小院，妳令我难忘。

 因为，妳最知道，
  是谁，拨动我生命的琴弦，
   奏响我与文字结缘的乐章；
 是谁，把科学文化的甘露，
   洒在我们这些小树身上；
 是谁，载着我们青春的梦想，
   从这里扬帆远航。

妳，见证了艰难的创业；

见证了生命的接力；

见证了用敬业和执着，

铸就的邮电出版事业的辉煌。

流光墨韵

——陈芳烈科学文化记忆

"小院"的前身，人民邮电出版社"起航"的地方

12

（三）

小院，妳令我难忘。

　难忘"文化大革命"中，

　　妳斯文扫地、花木凋零的悲伤；

　难忘我背着行囊向妳告别时，

　　那依依不舍的回望；

　难忘重操旧业时，

　　鸟失旧巢的那份惆怅。

小院，妳并没有消失，

　我虽然见不到你的倩影，

　但思念之情永远在我心底激荡；

小院，妳已化作一朵浪花，

　在60年邮电出版事业的历史长河中，

跳跃、闪光！

2014年2月

风 波

"文化大革命"年代，"极左思潮"盛行。一些意想不到、匪夷所思的事也时有发生。就连我这个一向谨小慎微的人，也还是碰到过这么两桩"险"事。

一桩是与邮票有关的，姑且把它称作"邮票风波"吧。

大概是在1974年，当时社会上开始展开对所谓的"资产阶级法权"的批判。我心想，这是思想界、学术界的事，与自己关系不大，心里一直比较踏实。但没有想到，随着运动的深入，有人便开始一层一层往下联系，非要找出个身边的"资产阶级法权"不可。更令人没有想到的是，我竟然也被一些人认定为本单位的"资产阶级法权"典型，暗中被列入被批判的对象。

说起我与这八竿子打不着的"资产阶级法权"的关系，也着实可笑。原来，那都是"邮票"惹的祸。当时，稿费已被视为"资产阶级法权"而取消了，所有人给出版社写稿都是无偿的。好在多年来我们的杂志已形成了一支"铁杆"的作者队伍，他们招之即来，挥之不去，还是一如既往地给我们寄来稿件，使我们不致"断炊""歇业"。寄稿件是需要贴邮票的，这邮资也得要由作者自掏腰包。

我当时正在组织一组连载文章，作者是江苏溧阳载波机厂的工程师袁振彝。他的稿件工工整整，就连信封也独具一格：正面是苍劲有力的毛笔字，背面是贴得满满的邮票。原来，他怕邮寄稿件丢失，寄的都是挂号信，加上稿件会超重，贴的邮票自然就较多。每次看到这样的信，我都十分感动。思来想去，总觉得要他倒贴这么多的邮资，实在是没有道理。"冲动"之下，我便去找了当时邮电出版社的党委书记张惠仁同志，说了说自己的感受，并提出想给像袁振彝这样的作者偿还点邮资的问题。没有想到，为人豁达的张书记竟然十分痛快地同意我的建议。就这样，我给一些经常给我们写稿的作者寄了一些邮票，聊作寄稿邮资之补偿。

但没过多久，我给作者寄邮票的事被编辑部的某领导发现了，他当面没说什么，但在干部会上却提出，这就是我们身边的"资产阶级法权"。眼看声势已经造起来了，一场批判正在我们编辑部里酝酿着。在我正欲去党委找张书记申述时，没料想他不请自到，参加了我们编辑部的一次例会。他说："给作者偿还邮资算不了是'资产阶级法权'。如果是，也应该算在我的头上。因为，这是经过我同意的。"他还说："据我看，今后稿费也是要恢复的。"在今天看来，这是几句十分普通的话，但在当时却是字字千金。不仅解开了我心中的疑惑，使一场酝酿中的"莫须有"的批判收了场，而且也使我感到了即使是在"文化大革命"那样是非颠倒、人妖混淆的年代，仍然还有一批坚持真理的党的好干部，他们顶风而行，主持正义，保护群众，令人敬仰。

在取消稿费的那个年代里，我依然坚持写科普文章。给外面写，也给自己的杂志写，不仅无"利"，有时干脆连名也不署了。少了被加上"名利思想"这顶帽子的顾虑，反倒容易放开手脚些。

后来，正如我们的张惠仁书记所预料的，新闻出版界恢复了稿费制度。1985年，中央办公厅颁发了文件，拨乱反正，明确了很多政策界限。这时张书记已调到邮电部工作，我们的小环境又一次变得不那么宽松。那时，我又碰上了一次不大不小的挫折，因为这与业余写作有关，权且称它为"写作风波"吧。

在"极左思潮"的影响下，原本已经非常狭小的个人活动空间也被设定了种种限制，一些合法、合理的个人创作活动被认为是"种自留地""打野鸭子"而受到批判。在我们单位，有的领导也把在其他杂志担任编委之类的社会工作一律视为"国家机关干部兼职"并列为禁止之列；把写稿、审稿得到的微薄报酬均列为"不正当收入"，并正式发"红头文件"要求登记交公。虽然我想不太通，但迫于压力，也多少有点"多一事不如少一事"的想法，便把一些社会职务辞掉，劳动所得也是退的退、交的交。一度还产生过从此"金盆洗手"，不再写作的念头。

周围的人都知道，我是一个比较较真的人，凡自己想不通的问题总千方百计地要去寻找一个权威性的答案。当时我想，中央办公厅的文件对许多政策界限已讲得很明白了，而且1985年6月23日，《人民日报》头版又刊登了《国家科委关于划清八条政策界限的通知》，为什么还会有这样"左"的做法呢？于是，我提笔给中共中央办公厅群众信访办公室写了封信，反映了我所遇到的情况以及内心的困惑。信写好后，我来到住在同一幢楼里的某社长家，把信念给他听。这位社长说，对于编辑业余写作，他是"既不反对，也不支持"的态度，很令我失望。第二天，我便把信寄了出去，信上留下了我的联系方式。

没过几天，《光明日报》发表了篇文章，针对性很强，仿佛是针对我的提问写的；又过了一些时候，我得到了"信访办"的电话回复。在报刊对中央一系列政策的广泛宣传和推动下，我社下发的登记、收缴所谓"不正当收入"的工作没有再进行下去。虽也没有人站出来对这样的错误做法负责，但客观上人们心里那种环境压力明显减轻了。

上面所说的遭遇，在那个时期，我的很多朋友也都或多或少地碰到过。区别只是有些"现管"的政策水平高一点、开明一点，有的则不然，遭遇也因此而有所不同。有的作者还遇到提职、评职称的问题，这时，科普写作到底该加分还是减分，往往也是各有看法。

今天，党和政府十分重视科普，大力提倡科学家、院士和各行各业的科技人员参加科普活动，从事科普写作，为繁荣科普做出贡献。在这样的大环境下，不仅不会有像我碰到过的那种困惑和艰难，而且还有基金资助、评奖等一系列配套政策在鼓励和扶持人们投身于科普事业。回顾过去的这段历史，不禁使我们更加珍惜今天，以更加饱满的热情去面对未来。

2006年10月

我与《知识就是力量》

我与《知识就是力量》的接触始于20世纪80年代初。那时，它已是享誉全国的一本综合性科普期刊。它的名望，与以下几件事密切关联。

首先，它的刊名是中国人民敬爱的周恩来总理所题。《知识就是力量》在周总理的关怀下正式出版后，就像它的刊名所预示的那样，成为一代青年探求知识、追求科学真理的亲密伙伴，而"知识就是力量"这句至理名言，也随着杂志上周总理的手迹而广为流传。

其次，从创刊到今天，《知识就是力量》一直是由中国科协、全国总工会和共青团中央三家权威部门联合主办。获得如此多厚爱的，恐怕找不出第二本类似的科普刊物。

再次，《知识就是力量》有一位从20世纪30年代就开始办科普刊物的德高望重的主编——王天一先生。这也是令全国其他同类期刊羡慕，望其项背而难求的。

我自从完成天一主编那篇"命题作文"——《人类怎样通信》之后，与《知识就是力量》的联系就多了起来。正巧那时我妻子刚从日本研修回来，带回来一大箱日文资料。她去日本主要是为了学习和引进计算机技术的，知道我有兴趣于编译工作，便在学习过程中留意国外科技的最新进展，捎带替我收集点资料。8个月下来，收集的资料竟装满了一箱。资料大多是日文的，正好使我在山沟里自学的一点科技日语也派上了用场，有了"真枪实弹"的用武之地。80年代初期，我每隔两三个月便在《知识就是力量》上发表一篇编译文章，多数便取材于这批资料。

日文的科技资料大都比较注重可读性，很适合于作为编译科普文章的蓝本。特别是那形象生动的插图，是欧美同类书刊上所难得见到的。所以，多年来我一直保存着这批资料。尽管有些技术已经过时，但它这种面向大众、图文并茂的形式依然值得借鉴。

与《知识就是力量》接触多了，我发现，它的有名和成功，不只是由于它头顶上有上面讲的三道"光环"，还由于它的内部实力和独具一格的办刊思路和办刊风格。打开杂志，跃入眼帘的首先便是一个强大的编委会阵容，许多很有创作实力的作者，如朱毅麟、李元、朱志尧、文有仁、甘本祓、冯昭奎、齐仲、郝应其、莫恭敏等等都在其中。后来，由于我常有作品在《知识就是力量》上发表，受到编辑部的重视，我的名字也被忝列在编委名单之中。

当时，《知识就是力量》的编委很少有挂名的。大家都把为它提供高质量的稿件看作是一种责任，精雕细琢，精益求精，这为期刊的质量提供了基本保证。当时我写作的科普文章，也大都首发于《知识就是力量》，并以能在它上面发表文章为荣。日积月累，到1986年，我发表在《知识就是力量》上的文章已经有十余万字，内容基本覆盖了我所从事的信息和电信专业的一些主要方面。这时，已担任《知识就是力量》主编的赵震东同志主动找到了我，说是想把我发表在这本杂志上的文章汇集在一起，出版一本个人专辑，作为"知识就是力量丛书"之一。集腋成裘，眼看自己多年来一字一行爬的格子也有了一个小小的"规模"，其欣喜自不待言，心里也十分感激《知识就是力量》新老主编和编辑所付出的劳动。我将这本书定名为《现代电信剪影》，请时任科学普及出版社副总编的天一同志为这本书写了一篇序言，题为"迎接信息时代"。

一本杂志，有众多的作者愿意给它写稿，总是有一定缘故的。固然与它的名气有关，但此亦非唯一甚至是主要的原因。我曾就此与《知识就是力量》的许多作者交谈过，大家都认为，《知识就是力量》当年能把这么多科普作家吸引到

1984年6月，《知识就是力量》杂志首届编委会在北京科学会堂召开。这是编委们和编辑部同志的合影

自己的周围，是由于他们看重人才而不看重关系；是由于他们作风严谨，勇立潮头，锐意创新；还由于他们尊重作者，能为作者创造一个和谐的创作环境，还能真心实意地给作者以帮助。

当年的《知识就是力量》有很强的"精品意识"。它所发表的文章虽大都取材于国外报刊，但很少是直接翻译过来的，多数文章都是由编辑精心策划，请学有所长的作者在阅读和消化大量国外资料的基础上，用科普的语言和读者容易接受的方式写出来的。

《知识就是力量》的插图一向也是很讲究的。在充分运用插图和照片等形象思维手段方面，《知识就是力量》曾在科普刊物中起过很好的示范作用。我从被动找图到主动"集图"，也是与《知识就是力量》的引导和启发分不开的。

《知识就是力量》注重质量，可以从一件具体事例上得到印证：1983年，是"世界通信年"。"世界通信年中国委员会"为此组织了优秀通信科普作品的评奖活动。当时全国几十家报刊共选送了数百篇文章参评。评选结果，获奖文章最多的是《知识就是力量》，竟占了获奖文章总数的1/6。《知识就是力量》，不仅是培育精品良种的沃土，也是哺育出无数优秀科普作家的摇篮。

《知识就是力量》还有一个很好的传统，就是编辑人员的工作都十分投入。他们真正称得上是作者和读者的朋友。他们每个人都分工联系若干编委和作者，经常听取来自各方面的意见。与我联系较多的，除了天一同志之外，还有赵震东和秦利中，稍后还有曹嘉晶等。他们向我约稿，一般都能把读者的要求告诉我，并提出自己的一些见解。文章见刊后，他们还能向我反馈一些读者的反映。约稿、取稿大都是不辞辛苦，亲自登门的。我很为他们的精神所感动，即便是后来随着工作担子的加重，稿子写得比以前少了，但我对《知识就是力量》总怀有一种特殊的感情，对它的约稿也总是在所不辞、尽力而为的。

我写这段与《知识就是力量》交往的往事，一方面是出于对它一个时期辉煌的怀念，出于对作者与编辑那种为共同事业而荣辱与共关系的怀念，另一方面也是对我所挚爱的期刊——包括我曾当过编辑或曾是它的作者的那些期刊不断创新、再续辉煌的祝福和期待。

《书林守望》2009年

忆 天 一

王天一同志离开我们已经很多年了。在科普圈里，人们总还是常提起他，提起他早年创办的《科学大众》，以及他曾为之倾注许多心血的《知识就是力量》。

人们怀念天一，恐怕不只是由于他是科普界的元老，更由于他感人至深的对科学的执着，以及为科普百折不挠、无私奉献的精神。上面提到由他创办或被他推向辉煌的两本刊物，至今仍被视为科普期刊的标杆，留给我们无数的启迪。

我涉足科普写作，主要是受两位老师的影响。一位是《无线电》杂志的主编施镭，另一位便是王天一同志。

记得是在1979年国庆节前后，中国科普作家协会在北京饭店举行笔会。大会之后分专业委员会开展活动。我是一个新会员，当时还没有明确的"归属"，于是转来转去，便随意选择了在翻译委员会这一摊坐了下来。参加这一摊会的人很多，气氛也很热烈。至于当时谁发了言，讲了些什么，都已记不清了，唯王天一同志所作的自我介绍和激情洋溢

王天一（左）在《知识就是力量》编委会上（右为朱毅麟编委）

的征稿动员，至今记忆犹新。天一同志自我介绍说，他是《知识就是力量》的编辑，接着便讲了《知识就是力量》是一本什么性质的杂志，需要什么样的稿件。他说，《知识就是力量》愿成为科普作家共同耕耘的园地，他希望成为大家的朋友。他讲科普，谈《知识就是力量》，如数家珍，充满自信和激情，一种高尚的事业心和责任感溢于言表；讲约稿，他真诚而恳切，极富号召力和感染力。他的话真是句句铿锵有力，掷地有声。我心想，自己也是当编辑的，要让我在这样的场合讲这一席话，真是一少勇气，二欠水平。我不禁对初次见面的天一同志平添一份敬仰之情。

会后，我经过一番犹豫，给素昧平生的天一同志写了封信，大意是说受到他在笔会上一番话的鼓励，想尝试着给《知识就是力量》写稿，希望得到他的指点。信发出后十多天过去了，未见回音，心想大概是"石沉大海"了。正在我已不抱希望了的时候，有一天，见一位陌生的年轻人边走边问地找到了我们办公室，说是找我的。经自我介绍，方知他是《知识就是力量》编辑部的赵震东同志。开始，我没有把他此来与我写给王天一的信联系起来，还以为是另有公干。后来，他递给我一封信，打开来看，才知是王天一同志给我的复信。信中说，由于他去新疆出差了，我给他的信刚看到，回复迟了些天，表示歉意。他欢迎我为《知识就是力量》写稿，还说了许多鼓励的话。他知道我是学电信的，顺便出了一道题——"人类怎样通信"让我试写，给的时间是三天。三天的期限看来有点"苛刻"，但我却并无反感。相反，我却感到我所初识的天一同志是个"言必信，行必果"，干起事来雷厉风行的人。我喜欢这样的作风。

差不多整用了三个夜晚，我如期地把一篇4000多字的文章写好了，还是由赵震东同志来取走的。不久，这篇文章便在《知识就是力量》1980年第3期上发表了。这是我给《知识就是力量》写稿的开始，也可以说，是我走上业余科普创作道路的开始。

后来，这篇登在《知识就是力量》上的文章曾先后被多种书刊收录转载，还在中央人民广播电台全文播出。在多次全国性评奖中，还获得诸多荣誉。这是我所没有想到的。我把它看成是天一同志提供给我的一次难得的机会。

当初，我所了解的王天一只是一位知名科普期刊的主编，除此对他便一无所知。后来，随着接触的增多，又听到周围许多同行的介绍，方知天一同志有着传奇般的人生。他对科普的执着，对理想的追求，对信念的坚定，都令人敬重。

天一同志21岁在上海读大二的时候，便开始与高年级同学一起创办了《科学大众》月刊。他曾经说过："让科学为更多的人所知晓，是一件愉快的事情"。就是这样一种高尚而朴素的情操，支持着天一同志走过80多年为科学呼号的人生之路。继《科学大众》之后，天一同志还创办过《大众医学》《大众农业》这两本我国在这两个领域最早的科普期刊。20世纪50年代，天一同志又为创办综合性科普期刊《知识就是力量》而呕心沥血，展示了他在驾驭科普媒体方面的才华。

有一次，我在图书馆翻阅建国前的老书时，还偶然发现有一本《电话学》的书，作者竟然是王天一。后来我曾好奇地问过他，他说这是他大学毕业后在上海电话公司工作时写的。我为有这么一个先辈同行而感到高兴。天一同志有这么多的"第一"，有如此显赫和值得自豪的过去，可他一次也没有与我主动谈起过。说来也很惭愧，对他的科普人生，很多我还是在他过世后，从与他同时代的人的纪念文章中看到的。我为失去很多主动向他请教的机会而后悔。

1985年4月28日，在北京饭店举行的《国际新技术》创刊一周年纪念会上，王天一主编代表编委会发言

天一的一生十分坎坷。1958年，他受到不公正的对待，不得不离开他挚爱的岗位，远走他乡。难能可贵的是，即使远在新疆，身处逆境，他依然在夹缝中求生，在艰难中继续努力实现他的人生价值。他先后编辑了《新疆科学技术报》和《新疆科技情报》两种报刊，为边疆人民再一次奉献他的赤子之心。天一受过的委屈，吃过的苦，也从未与我提起过。他笑对人生，乐观向上。即便是到了退休之后，我看到的他依然是一个精力旺盛，对自己的事业孜孜以求的耕耘者。用他的话来说，对于科普，他永远是"情未了，缘未尽"。

我在成为《知识就是力量》的作者之后，与天一就有了较多的接触。他办事认真，为人耿直，每次与我谈稿时，总能提出一些我所没有想到的问题，精辟的见解令人叹服。

我与天一同志还有一段接触是在《国际新技术》。我作为他的副手，一起摸索着如何办一本当时堪称"新潮"的杂志。在他40多年的办刊经验中，我汲取了不少有益的东西。这对我日后的期刊编辑生涯，是一笔十分宝贵的财富。

王天一（右4）在中国科普作家协会学术年会上（1987年9月）

天一同志退休后还担负一段时间的审稿工作。每当我去看他时，他总是埋头于书稿之中，书房的桌椅上都堆满了书。他同我说：现在年纪大了，总怕自己记忆不准，碰到问题时，少不了要查证资料，只有找到出处，才能放下心来。在他书房对面还有一个房间，里面也满是书和杂志，书架的隔板都被压得变了形。天一笑着对我说："这些东西对我都有一段感情，已经散失了不少，现在留下的便不舍得扔掉了。"我们每次的谈话总是"三句话不离本行"。他常与我谈起审稿中看到的问题，对时下书刊质量忧心忡忡。他坚持，编辑一定要认真审稿，不能喧宾夺主，以副业冲淡主业；自己拿不准的一定要查证，不能轻易放过一个疑点……

天一老伴去世后，不善家务和料理的他，生活变得单调而困难。隔些日子他的孩子来给他做点菜，吃上三天五天的。他与外界的接触也少了很多。我知道他心里依然想着科普，惦记着一些老朋友，因而有几次在工交科普专业委员会组织活动时，就来接他去参加。记得有一次是我们与书画家联谊会在东坡餐厅共同组织活动，谈的是科普与艺术联袂这一话题。天一也到会了，来宾中还有徐悲鸿的夫人廖静文等，大家谈得十分融洽。天一见到不少久违的老朋友，显得格外高兴。

天一很乐于助人，受过他帮助、称他为老师的人不计其数。有已经年逾古稀的老人，如饶忠华、李元等一批知名的科普作家，也有他在办《知识就是力量》和《国际新技术》时一手扶持起来、得益于他的教诲的年轻人。天一同

志从来十分谦让，没有架子，也很少麻烦别人。他爱好集邮，以前买纪念邮票比较困难，天一宁可去排队，也很少麻烦我这个与"邮"多少"沾亲带故"的人。偶尔我也帮他买过几回新发行的邮票，或给他送去像"全国最佳邮票评选"纪念票之类的集邮纪念品，天一总是再三感谢，并说这是"珍品"，随后便小心翼翼地收藏起来。

2002年10月19日，天一同志走完他坎坷而辉煌的一生，驾鹤西去。这位80多年人生旅程中有60多年编辑生涯，曾经创造过科普期刊诸多奇迹的先辈，除了给我们留下了无数的精神财富之外，其人格魅力也将永远感染着我们每个人。

天一的离去，使我失去了一位可敬的导师和挚友。我常常在想，如果在我们的队伍里，有一大批像天一那样钻研科普、能为科普献身的人，科普的振兴是指日可待的。我们的科普期刊又何愁不能走出困境，再创辉煌呢！

《科普创作通讯》2007年第1期

悠悠笔墨情

不知不觉，《电信技术》已步入不惑之年。我在《电信技术》先后工作了20余载，虽称不上是"元老"，也算是一个"老兵"了。

20多年的笔墨耕耘，留下的，除了一大摞经我加工后发表的稿件和自己的几行习作外，最值得我追忆并聊以自慰的，便是我与众多读者和作者的友谊。因为，它使我感受到

1975年，《电信技术》编辑部的同仁们在东长安街人民邮电出版社旧址门前合影

自己劳动的价值，体会到"为人作嫁"的意义。

谈起与读者的友谊，不禁使我想起在《电信技术》当主编时的一桩往事。记得有一天，一位身着戎装的女青年推开编辑部的门，说是来见我的。看到我诧异的神色，她便笑着作了自我介绍："我叫姜国智，是青海部队的一名通信战士。这次回东北老家，路过北京，特地来看望老师。"随即从挎包中捧出糖来请大家吃，说这是她的喜糖。

姜国智，多么熟悉的名字！她是我千百个没有见过面的读者中的一个。她常给编辑部来信，把她在工作中碰到的一个个难题告诉我们，请求我们给予解

答。我很为她的钻研精神所感动，几乎回复了她所有的信。我还从中选取一些有代表性的问题组织文章发表，加上副标题"兼答姜国智同志"。恐怕，这些就是小姜与《电信技术》建立感情，把我称作为"老师"的缘由吧。

当时，《电信技术》有个好的传统，就是编辑一年当中必须有两三个月时间深入基层，深入读者。我在当载波编辑的时候，还在天津和苏州两地的载波站设了联络点。我常到这两个点去，或带着来稿中难以判断的问题去做试验，或携着还散发着油墨香味的新刊在那里组织评议。在学习他们经验的同时，我也启发、帮助他们进行总结，鼓励和支持他们写作。据粗略回忆，在这两个点上，先后成为《电信技术》作者的，就有10余人之多。

那几年，作者写稿不仅不给稿费，连邮资也是自贴的，但他们还是不断地给我寄稿来。我印象最深的是老作者袁振彝同志，他写的稿工整而清晰；每次来稿都寄了挂号信，信封上贴满了邮票。对此，我一直很过意不去，后来征得出版社领导的同意，给他寄了几次邮票，作为邮资补贴。

1976年，《电信技术》组织了有关"载波九项指标测试"的连载文章。为了保证刊出文章的准确性和权威性，编辑部邀请了老作者刘凤仪、向子曦等4位同志帮助把关。他们与我一起带着稿子走南闯北，到一些地方边做试验，边征求对初稿的意见，一干就是两个来月。当时没有生活补贴，连住宿条件也都十分简陋，但这些同志从无怨言。由于大家的共同努力，我们澄清了一度陷入混乱的有关"电平"和"稳定度"的概念，得到邮电部主管部门和读者的高度评价。后来，这个连载还结集成册，成为载波维护人员必读的书。前不久，我在成都见到年已古稀的向子曦同志，谈及这段往事，他还记忆犹新，感慨万千。

《电信技术》记载了我国电信事业发展的历程，也留下了《电信技术》几代编辑辛勤耕耘的足迹。大家或许知道，而今声名远播的嘉兴邮电

《电信技术》创刊30周年纪念会（1984年）

局，是从搞PCM起家的。现在的局长徐张奎便是这个项目的带头人。当时正值"四人帮"横行的年代，他的工作十分艰难。但邮电出版社一直支持着他。我作为《电信技术》的一名编辑，也在那时第一次来到这南湖之滨，总结并报道了他们的经验，与徐张奎同志的友谊也由此而始，直至今日。

如果我们仔细回顾一下，当时很多有影响的技术革新项目，都是由《电信技术》率先发表的；一些后来颇有知名度的作者，最早也是由《电信技术》介绍给广大读者的。40年来，《电信技术》一直在起着这种"桥梁"作用。

"我与《电信技术》"征文的获奖者们（左4姜国智，左5叶锦钿，左6刘庚业）（1999年）

老作者刘庚业逢人常说，他是邮电出版社培养出来的。虽说这是过谦之词，但也多少能反映一点当时编者与作者之间那种相濡以沫的关系。记得还在刘庚业当电路技术员的时候，我的一位同学推荐了他，说他是很有一点经验的；至于投稿，他没有敢想。我通过那位同学给他鼓了一把劲，让他把油印的经验寄给我，经过无数次书信往来和一字一句的修改，刘庚业的名字终于出现在《电信技术》上了。从此他便一发而不可收，与他的老师金德章（现为浙江省邮电管理局局长）联名写了大量的文章，后又汇集成书。现在金、刘两位都早已走上领导岗位，但他们仍时常惦念着《电信技术》，不忘当年的笔墨情谊。

往事如烟，值得记忆的人和事是很多的。在纪念《电信技术》创刊40周年的时候，我要向所有在过去漫长的岁月中，曾给我以帮助，曾与《电信技术》同舟共济的读者和作者致以崇高的敬意，让这篇短文带去我的问候，我的祝福！我离开《电信技术》已有8个年头了，现在，在她的周围又聚集了许多新的读者，新的作者，他们朝气蓬勃，正在创造着《电信技术》的明天，在此，我也向他们表示良好的祝愿！

1999年，《电信技术》创刊45周年时，历任主编合影

"路漫漫其修远兮，吾将上下而求索"。愿《电信技术》在"求索"中前进，在开拓、创新中走出一条有利于自身发展的更宽的路。

《〈电信技术〉40周年》

我的"剪刀加糨糊"

过去，听得有人说编辑的工作不过是"剪刀加糨糊"，我很是不平。心想，这些人真是太不了解编辑了。编辑的辛苦，编辑劳动的创造性，哪能是"剪刀加糨糊"所能涵盖得了的呢！

我虽不赞成把编辑的工作说成是"剪刀加糨糊"，但对"剪刀加糨糊"却无反感。相反，还真有点情有独钟呢！且不说我在编稿时经常要用到剪刀和糨糊这两样工具，去对一些结构不合理或拖泥带水的文章施以大大小小的"手术"，就是在业余时间，我也常常剪剪贴贴，在"剪刀加糨糊"的协奏曲中自得其乐。

对剪刀和糨糊的兴趣，是在我当了几年编辑之后萌发的。那时，我常常为自己肚子里没有"货"，手头又缺少资料而苦恼。无论编稿、写东西都感到困难重重。我想，要闯过这个关，唯有以勤补拙，没有其他路可走。于是，我便开始把大量的业余时间都放在阅读和积累上，偶有心得，也写点小东西发表。剪刀和糨糊，便成了我用来积累知识的重要工具。

开始，我专门剪辑那些与自己专业有关的内容，把它贴在一个本子上。后来，我意识到一个科技编辑只有专业知识是远远不够的，对编辑学、文学以至于美学也都应该有所了解。于是，我的剪刀又伸向了更为宽广的领域。涉猎的东西多了，内容杂了，光靠剪刀和糨糊已经不够，还需要动脑筋把这些剪下来的材料加以分类、整理，使之自成系统，便于查阅、欣赏。"剪"只是一种手段，"学"和"用"才是目的。在下剪之前，首先要读。只有广泛地读，才能判断哪些东西有"剪"的价值。剪下来的东西，有今后可能需要参考的，也有自己感兴趣或觉得有欣赏价值的。现在，我手头已有一大摞"自产自销"的

"剪刀加糨糊"的产品，成为我的一大财富。不仅编稿、写作时常常查阅，而且闲下来时也常常翻看，饶有兴味地欣赏其中的佳作，享受读书之乐。

除了剪贴好文章之外，我还结合自己的专业收集了不少照片和插图。说我爱好艺术，实在是谈不上，多数场合仅仅是针对工作的需要，至少开始时是如此。当初，我收集图片的目的是为了给设计封面或插图的美编人员提供参考资料，后来发觉图片的作用远不止这些，它们在我编稿和写作时，常能起到启发形象思维，丰富作品表现力的作用。在这个过程中，手头的一大堆图片帮了我大忙，使我能提出一些较新颖的构思。

看看剪剪，剪剪贴贴，现在已成为我"雷打不动"的一种业余爱好。多年来，"剪刀加糨糊"耗费了我不少业余时间，也使我从中学习并积累了很多知识。"现学现卖"使我在编稿和写作中得益匪浅。

计算机、网络时代的到来，使信息能方便地下载，剪辑和积累也变得轻而易举了。工具虽然变了，但获取信息、积累知识依然需要用心去做。编辑应该成为这样一个有心人。

《科技与出版》1994年第3期

作者的悲哀

我曾不止一次地听到一些经常与出版社打交道的作家抱怨说，有些编辑过于大胆，常常没有搞清意思便大笔一挥，把原稿改得个面目全非。原则性的改动也不与作者商量，当作者发现时，早已白纸黑字公之于众，无法挽回。作者除了摇头叹息，别无回天之术，留下的便是一肚子的委屈和永久的遗憾。

作为一个作者，我也有过多次类似的遭遇。其中，对我"杀伤力"最大的，莫过于1994年那一次。情节之离奇，简直可以入选《今古奇观》。

1994年4月，我收到由某出版社寄来的拙作样书，一套4本，叫"看图学科学"，是以图为主的科普绘画本。这套书是该出版社通过北京的一位资深编辑向我约的稿，稿件写好后在出版社已搁置多时，现在总算出来了，当时心中还暗自高兴。但稍加翻阅，原先的那份高兴劲便一扫而尽。细看下去，竟不觉出了一身冷汗，我甚至怀疑，这是不是我的作品，但封面上明明白白署着我的名字，叫我无法遁身。

当时定下的4本书的书名是：《信的故事》《电话》《卫星通信》和《从电报到传真》，我的文章就是按照这4个题目来做的，图也是按这样一个思路来配的。但拿到样书，我大吃一惊，这4本书中，除了《电话》一本还维持原来的书名以外，其他3本书的书名全部被编辑给改了，《信的故事》改成了《信》，《卫星通信》改成了《卫星》，《从电报到传真》改成了《传真》。所有这些改动，我事先都是一无所知的。这真叫"改你没商量"！

稍有点科学知识的人都知道，"卫星"与"卫星通信"虽有联系，但毕竟不是一码事。如果一个爱好卫星的小朋友买了这本题为《卫星》，而又没有多少内容讲卫星的书，其失望的心情是可想而知的。有人会斥责我是"挂羊头卖狗肉"，或者讥笑我是"抄"错了地方，那时我将有口难辩。我写《信的故事》也仅仅是想通过古今有关书信的一些"故事"给人以知识，书中既没有讲什么是"信"，也没有围绕"信"的历史、现状和未来作较系统、全面的介绍。现在编辑把《信的故事》改成为《信》，便造成了内容与书名的错位，给人留下"牛头不对马嘴"的印象。《从电报到传真》被改成《传真》，更叫人啼笑皆非。这本总共只有20页的书，有15页讲的是"电报"，只有5页是讲"传真"的，责任编辑却偏偏要在书名中把"电报"删去，使占全书2/3的内容在书名上得不到反映，而且也使作者以"从××到××"来介绍信息技术演变过程的良苦用心被付诸一"斧"。

我当过作者，但更多的时间还是在当编辑。我只知道，编辑有为人"补漏拾遗""锦上添花"的责任，却从未听说过编辑还有篡改作者本意，损害作品形象的权利。或许，我的责任编辑还觉得"砍"得很有道理，因为经他这么一"砍"，我这4本书的书名全被"规范化"为两个字或一个字的名词了，显得多么精练而又整齐。殊不知这种"一刀切"的做法给作品造成了"文不对题"的严重后果，也给作者的声誉带来难以挽回的损失。

当编辑的不能要求他什么都懂，但尊重科学、尊重作者则是起码的要求。如果我的责任编辑在落笔将"卫星通信"改成"卫星"之前，查一查词典，或请教一下行家里手，从概念上搞清两者之间的差别，我想这种"误伤"是完全可以避免的。

说了半天的"砍书名"，其实我这4本小书的遭遇还远不止这些。书中，发明电话的年份"1876"年印成了"1826"年，"电报"印成了"电投"，"卫星"印成了"卫生"，"接收"印成了"接受"，等等。其他错漏以及删改后前言不搭后语的还有不少。拿这样的书给孩子们看，我真觉得脸红，很对不起他们。我写了20多年的文章，自觉对待文字还是严肃的，今天我的书竟然成了这副模样，不能不说是当作者的悲哀。

我要特别强调指出的是，这4本书不是什么大著作，每本书的字数不过千字。在总共4000字里出了这么多的差错，难道不值得我们作一番认真的思考吗？

为了对读者负责，事后我不得不写信给该出版社的领导，请求他们中止这套书的发行。我以为，这是维护作者权益和出版社形象所必需的。

《新闻出版报》1994年11月11日

文化记忆

邂逅《米老鼠》

苦难而又欢乐的童年早已远去，虽也留下一些难以忘怀的记忆，但毕竟是渐渐模糊了。但半个世纪后，一次与《米老鼠》的邂逅，却又一次触动我已泯灭的童心，让我重新踏上寻觅"童趣"的历程。

不速之客

1991年6月，在东长安街27号人民邮电出版社的新办公楼里，我们接待了两位陌生的客人：以色列UDI公司总裁艾森伯格和丹麦艾阁盟公司一位高层代表。他们是经邮电部介绍过来，要同我们洽谈一个我们从来都没有想过的问题——合资创办中国版《米老鼠》杂志。

1991年6月，两位陌生的访客表达了合资创办中国版《米老鼠》杂志的意向

客人们先是问了很多有关我们出版社的问题，我们一一作了回答。从他们的频频点头中，可以看出，他们对我们的第一印象不错。紧接着，他们便直奔主题，谈起要把迪士尼出版物带到中国的设想。他们说，迪士尼出版物在美洲、欧洲都有很大的市场，但至今仍在亚洲的大门外徘徊。他们此来，就是为打开中国市场探路的。

谈话的起点很高，一开始谈的便是"合资"办刊的问题。这对我们来说，确实非常意外。首先，我们是一家专业出版社，之前从没有出版过儿童读物；其次，与国外机构"合资"经营出版业，国内尚无先例。因此，我们的第一个感觉是，要办成这件事很难，近乎不可能。但我们又不愿错过这个难得的机会，很想闯闯、试试，为出版社的改革开放探探路。就是基于这样一种粗浅的想法，或者叫做"愿望"吧，我们在如实地向客人介绍我国出版业的有关政策后，婉转地表达了对这项合作的兴趣，并表示了"我们可以努力，可以争取"的态度。

一波三折

在与外方形成了初步的合作意向后，我们便一方面积极争取上级主管部门的支持，一方面开始与对方就合作的具体问题进行谈判。由于国情的不同，传播理念上的差异，谈判进行得不那么顺利，但也都一关一关过来了。但谈到"合资"双方占股比例时，便陷入了僵局。遵上级指示，我们在谈判中坚持中方控股的原则，而艾阁盟方面也坚持要他们控股，双方互不相让。就在这时，

1992年6月1日，《米老鼠》创刊新闻发布会

外方谈判代表便采取"明修栈道，暗度陈仓"的策略，开始与某在京出版社私下接触，双方竟达成了外方占股70%的协议。这件事不仅使《米老鼠》杂志面临易主的可能，也使外方与我方之间产生了信任危机。幸好，上级部门很快察觉，作出了"如外方要最后落实在我国合作出版《米老鼠》杂志，只能按三个单位（指新闻出版署、中宣部和国务院新闻办公室）原批准的，同邮电出版社谈"的批示。就这样，外方又回到谈判桌旁，与我们重启谈判。但双方都坚持控股的"死结"仍难以解开。当我们在一起吃完"散伙饭"，要说"bye bye!"时，上面提到的那位积极助推《米老鼠》杂志进入中国市场的以色列著名企业家、UDI公司总裁艾森伯格再次出现，他机智地提出了双方各占股49%，让出2%股份给第三方——中国报刊发行局的方案。这是一个对双方都说得过去的方案。于是，矛盾化解，"合资"的最后一道屏障终于被打破了。

花落谁家

经过一番艰苦的努力之后，1992年4月2日，经国家新闻出版署、中宣部和国务院新闻办研究，正式批准人民邮电出版社与丹麦艾阁盟公司合作出版《米老鼠》连环画月刊，试行一年半，并同意以《米老鼠》杂志社的名义对外。就这样，涉洋过海而来的《米老鼠》有了一个中国身份。1992年6月1日，由中国内地出版的第一本《米老鼠》杂志正式与读者见面。"米老鼠"这三个字采用了刚从中央工艺美院毕业的胡萍丽的设计。大家认为她设计的这三个字颇为"传神"，故一直沿用至今。

《米老鼠》杂志的封面
（2010年，特刊10）

穿着"中装"的《米老鼠》闪亮登台，一时间成了新闻媒体报道的热点。人民日报、中央电视台、中央人民广播电台等国内各大媒体都发了消息；丹麦艾阁盟集团也以"cooperation in China：Egmont starts in Beijing"为题刊登了相关图片和报道。

当我们把试刊的第一期《米老鼠》带到北京少年宫时，孩子们个个欢欣雀跃，拿着杂志让合资双方的有关人员签名。这次活动还特邀了卡通片《米老鼠与唐老鸭》中唐老鸭的配音演员李扬。李扬在签名时，不时发出唐老鸭的叫声，引来孩子们的一片欢笑⋯⋯

唐老鸭配音演员李扬（左）应邀参加《米老鼠》杂志首发活动

启发和感悟

《米老鼠》杂志的引进和童趣合资公司的成立，是在我国改革开放大环境下所取得的一项突破性成果。这样的机遇不可多得，这样的经历也难以复制。就我个人来说，由于亲历了它的全过程，除了体会到它的来之不易之外，也从中得到不少收获和启发。

《米老鼠》花落"邮电"，固然为多种条件所促成，但其中有一个不容忽略的因素，那就是邮电出版社经几代人艰苦努力所创立的品牌，以及它在书界的良好声誉。品牌和声誉，不仅是迪士尼寻找合作伙伴的重要条件，也是争取到上级领导破例批准这个"合资试点"的基础。

《米老鼠》在中国落户后，不仅需要脱去"洋装"，换上"中装"，还要为实现它的"本土化"而努力。这也是对我们创新能力的一次考验。在这个过程中，我们既从艾阁盟那儿学习了细分市场，为不同年龄段读者"量身定做"产品的办刊经验，也在内容的选择和编排上琢磨如何结合中国的国情，融入中国元素。从中，我们也逐渐积累了编辑出版儿童书刊的经验。

转眼间，《米老鼠》在中国已"生活"了23年。现在，它已不再是孤身一"人"，而已成长、发展为一个兴旺的"大家族"了。愿它永葆青春，植根于儿童的心中，给孩子们带来知识，带来欢乐。

2014年2月

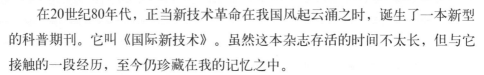

回忆《国际新技术》

在20世纪80年代，正当新技术革命在我国风起云涌之时，诞生了一本新型的科普期刊。它叫《国际新技术》。虽然这本杂志存活的时间不太长，但与它接触的一段经历，至今仍珍藏在我的记忆之中。

我虽见证了《国际新技术》这本刊物的创办过程，但成为其中的一个"角色"却纯属偶然。

那是在1983年11月13日，我带着一篇有关信息革命的文章，去参加中国科普作家协会科普创作研究会在大连召开的学术年会。

出席这次会议的，有不少科普界的老人，但我认得的不多。可能与我选的"信息革命"这个时髦主题有关，我宣读的那篇"论文"竟也引起不少人的兴趣。会议刚散，一位颇有学者风度的女士找到了我，说她对我发言的内容很感兴趣，并由此萌发出要办一本介绍当今国际前沿科学技术的科普刊物的想法。她问我，如果要办这样一本杂志，我可不可以出任这本杂志的主编。对于这个毫无心理准备的话题，我有点疑惑，心想，如此快就决定要办这样一本杂志，会不会是一时的冲动啊。但看到那位女士的确是一脸真诚，于是说：我倒很希望有这样一本杂志，但和与会的科普界和出版界前辈相比，我的资历和学识都很浅薄，"主编"的重任恐怕难以胜任，并毫不犹豫地向她推荐了科普期刊界的元老王天一老师。

我与这位邀我办刊的女士乃初次谋面，但与会的代表几乎都认识她，她就是当时展望出版社的社长兼总编辑阮波。有人向我介绍了她传奇般的人生：她出身于报业世家；15岁参加新四军；1959年开始发表文学作品；改革开放后又涉足于民办出版业，是一位把出版业从国内做到国外并取得丰硕成果的改革家。了解了她的身世和经历后，我就不再怀疑创办《国际新技术》是她一时的冲动了，而是她顺应时代潮流的又一次创新和开拓。

1984年10月，《国际新技术》面世了。从筹备到出版，仅用了不到1年的时间。

时任科学普及出版社副总编辑的王天一先生，应展望出版社之邀，兼任了这本杂志的主编；我辅助天一，挂了个副主编的名。

《国际新技术》的推出，在当时是很吸引眼球的。首先是由于它的"新"。它不仅及时地反映了国际新技术革命的最新动向，还给了新的科学技术以科普的诠释。杂志上来自国外的报道很少是直接翻译过来的，大都经过熟悉专业又具有科普写作经验者之手，编译或再创作而成。一般皆达到文字生动有趣，适合于大众的阅读口味的要求。

展望出版社社长阮波在《国际新技术》创刊一周年纪念会上致辞（1985年）

《国际新技术》刊登的文章，大都也不是就技术讲技术的，它融入了历史、发明背景和一些其他人文因素，符合我们今天所倡导的"科技与人文融合"的科普创作理念。

主编天一同志是个深谙办刊之道的高手。在刊物出版后，他非常重视听取读者和专家的意见。他曾亲自把杂志送到著名科学家钱学森的手中，请他提意见。钱老很快便写了回信，他说："《国际新技术》可以成为各级领导干部的科普读物。我们需要这样的刊物"。著名科普作家叶永烈也写了一段话："创办这样的刊物，在面临新技术革命的今天，是非常需要的。你们顺应时代潮流，为广大读者做了一件大好事"。他还对刊物内容、形式作出了客观的评价。

定期分析读者的意见，并根据这些意见提出改进措施，已成为《国际新技术》的一项制度，是它保持青春活力的动力。

富有现代感的《国际新技术》杂志封面

在国内，《国际新技术》是较早提倡"画报化"科普理念的一本杂志。一方面，是由于它受到《牛顿》《夸克》《二十一世纪哥白尼》等一类刊物的启发，看到了图片在揭示科学技术内涵、展示科学内在美方面的作用；另一方面，也反映了办刊人在科普理念上的变化。当时，大家都希望打破科普刻板的面孔，从以往过于沉重的黑压压的通篇文字叙述中解放出来，给它换上个轻松、美观一点的"新装"。但想归想，做起来可不那么容易。首先，当时还没有建立自己的图片库。因此作为第一步，编辑部便想方设法与6个国家建立了信息资料的交换关系，为实现画报化奠定了物质基础。与别的一些杂志不同，在这本杂志中，图不完全是"配角"，有时还起到"主角"作用，带给人以很强的视觉感染力和冲击力。在这方面，特色鲜明的《国际新技术》封面最能说明问题。它的每期封面都有一个鲜明的主题，内容大都是以重大科学题材为背景，选用优秀的摄影作品，衬托着中英文刊名，既有现代感，又有艺术欣赏价值。例如，试刊号的"娃娃学计算机"，1985年第2期的"激光"，1985年第3期的"机器人保姆"，1985年第5期的"细胞幻想曲"，1986年1、2期合刊中的"未来的航天站"等，都称得上是题材重大的摄影佳作。1985年第2期，《国际新技术》集中报道了当年3月17日在日本筑波科学城开幕的"日本国际科学技术博览会"，通过对展出内容的深入浅出介绍和精美的图片，使人犹如亲临这次科学盛会，尽享科普的盛宴。

"画报化"同样要求根据内容精心策划、巧妙构思，让所配的图片恰到好处，以加强文字所表达的内容，甚至起到文字叙述所起不到的作用。例如，《国际新技术》创刊号封二上刊登的4幅图片，形象生动而具体地把美国"挑战者"号航天飞机捉放卫星并对它进行修复的过程反映了出来，这是三两千字文章所难以说清的。又如上面提到的"细胞幻想曲"，更是由生物学家和艺术家共同创造出来的一组表现细胞微观世界的图片，它通过科学的比喻和艺术的联想把人们带进一个奇妙的空间，使枯燥而深奥的科学理论变为生动的形象，十分有感染力地呈现在我们面前。

如同肯德基、麦当劳一类快餐在全世界迅速推广开来一般，高节奏的生活也必然催生一种浅阅读——快餐式的阅读方式。也有人称它为"读图时代"或"读题时代"。不管怎么叫，我们的科普刊物需要适应时代的变化，这是大势所趋。如果说，当年我们办《国际新技术》时，提倡"画报化"还是一种概念不十分清晰的尝试的话，那么今天则已经成为一种自觉行动。尽管目前有些科普刊物倡导画报化的条件还不十分具备，但对图片应用越来越重视已成为普遍的趋势。

《国际新技术》杂志主编王天一，是20世纪30年代便开始创办科普期刊《大众科学》的科普界元老。想当然，他该是一个"老派"人物。但与他有过接触的人都会感觉到，他很随和，一点也不保守。他在办刊时一方面充分运用他多年来在人力资源上的积累，请出了像朱毅麟、王谷岩、甘本祓、李敏、李元、卞德培、鲍云樵、冯绍奎等著名科普作家加盟《国际新技术》，使每期都能看到这些富有写作经验的作家厚积薄发的作品，为杂志奠定了坚实的基础。同时，他又十分重视年轻作者队伍的培养。当时，在《国际新技术》杂志周围，已经集结了像朱幼文、李晓武、戚戈平、薛晓虹等一批年轻作者，他们精力充沛，对新事物敏感，这正是新创刊的《国际新技术》所特别需要的精神和素质。这些年轻人被委以重任，有时还独当一面，在实践中得到了很多锻炼的机会，并逐渐成为主力。这些年轻人的共同特点是热爱科普，舍得在科普创作上花时间，加上身旁有像王天一、章燕翼等一些前辈的指点，进步确实非常快。回忆当年，我也有很多节假日是与他们在一起度过的。星期天，他们常带着写好的科普文章或编好的稿件到我家来和我切磋。我帮他们改稿，与他们交流科普写作的心得。现在，每当谈起培养科普新人时，我还是十分怀念那个时代，怀念那种为科普事业走到一起来的纯情。

《书林守望》 2009年

访北原安定

提起北原安定先生，知道他的人并不很多，知名度难与一些影星、歌星相比；在网上，也只有他的一些零星介绍：早年毕业于日本早稻田大学、工学博士，曾任日本电报电话公司副总裁等。

大约是1984年，在一个偶然的机会，我看到一本叫《电信革命》的日文书，初步翻了翻，觉得内容很新。这本书的作者就是国际知名通信专家，时任日本电报电话公司（NTT）副总裁的北原安定先生。当时，正值信息革命的浪潮席卷全球，北原安定先生在书中回顾了人类历史上的四次信息革命，提出当前我们正处于第五次信息革命阶段的观点，并指出，新的一次信息革命的特点便是计算机和通信的融合，即C&C。他还提出了高度信息化社会的概念，给我们描绘了21世纪将出现的信息技术、信息网络以及各种崭新的电信业务。这本书不厚，但信息量很大，有许多新的知识，看后真有茅塞顿开的感觉。

《电信革命》中文版书影
（北原安定著，陈芳烈、朱
幼文编译）

当时我正与王天一同志一起主持《国际新技术》杂志，因此首先想到的是能否把它翻译出来登在杂志上，以飨读者 。因为这本书里的内容与我们杂志的办刊宗旨十分贴近。正好在我这个团队里，有好几位学日语的年轻人，我便找了其中的朱幼文同志，与他合作完成了这项工作。译作在《国际新技术》上连载了几期，后来被展望出版社社长阮波同志看中，将它汇总后于1986年收入"展望丛书"正式出版。

北原安定先生的这本书在日本曾引起很大的轰动，创造了一年内重印15次的记录。译作在中国发行后，也有相当大的反响，一时间，信息化社会、信息革命、INS技术等一类新词时髦了起来，人们对数字化的未来也满怀期待。

北原安定先生是国际上很有影响的电信专家。1984年，他又出版了《INS技术》一书。INS是Information Network System的缩写，译成中文便是"信息网络系统"。在国际上，它还有另一个更通用的名称，那就是现在人们常挂在嘴边的ISDN，意即综合业务数字网。北原先生在这本书里介绍了如何采用数字化技术，实现多种通信技术和计算机的融合，以更有效地进行信息的传输、存储、交换和处理等。这本书对于正在兴起的现代化信息网络系统的建设很有指导意义。

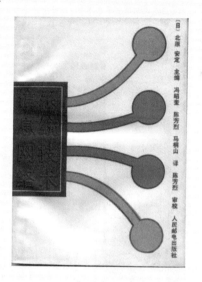

国际电信专家北原安定先生著作中译本封面

当时有两位作者向邮电出版社报译这本书。责任编辑考虑到这两位作者虽有较扎实的日文功底，但都不是学电信的，怕翻译中在专业性上出现问题，因而便动员我参加进来。我曾经给自己立了个规矩，即不在本社出书，免得有"近水楼台先得月"之嫌。对于这次译书，我也是坚守这个原则再三推辞的，后来编辑为难地说，找了一圈还是找不到一个合适的人，希望我能"支持"一下。就这样，我勉强接受了任务，承担这本书十章中的五章翻译工作，并兼任全书的审校。这是我第二次接触北原安定的著作，又一次为他对信息技术的精辟见解和睿智远见所折服。

翻译书稿涉及知识产权问题，为此，我走访了NTT北京办事处，向他们咨询如何才能取得这本书的中译本版权。由于工作上常打交道，他们便友善地帮我出了个巧妙的主意，让我直接给北原先生写封信，说明原委，并请他为本书的中文版写个前言；如果北原先生同意写前言，他也就自然同意我们翻译他的书了。我照着他们说的办法办了，写好的信也由他们转交给北原安定先生。

不久，我就收到北原先生经NTT北京办事处转给我的信，信中附有他的"致中国读者"。北原先生说："我是本书作者北原安定。这次，本书得以在中国翻译出版，被介绍给贵国广大从事电信和信息处理事业的人们，使我感到非常荣幸……我认为，这种能够超越空间和时间、利用光通信技术的INS，对于国土辽阔的中国来说是理想的通信系统。"最后，他还诚恳地感谢包括译者在内的为把本书呈现在中国读者面前的所有人。

通过以上两本书的翻译，我初"识"了北原安定先生，走进了他所描绘的无比美妙的信息世界。受此启发，我陆续写了一系列介绍信息技术的科普短文，如《什么是信息》《信息革命的一幅蓝图》等等。当初毫无目的的日文自学，而今得到如此多的收获，并在自己的生命旅程中留下一道淡淡的痕迹，这的确是我所意想不到的。

1989年11月，在日本电报电话公司（NTT）总部访北原安定先生（右2）

《INS技术》中译本是1989年7月出版的。说来也巧，就在这一年的12月，根据邮电出版社与日本电气通信协会所签订的交流备忘录，组织上派我以代总编的身份出访日本。我立刻想到，这是面见北原先生的难得机会。于是在临行前，带好了两本《INS技术》中译本。抵日后，在对方征求我们对访日日程安排的意见时，我向东道主说出了欲见北原安定先生的想法。对方欣然作了安排。

12月8日，在日本电气通信协会常务理事远藤先生的陪同下，我来到NTT总部。这时的北原先生已是NTT顾问，当他接过我送给他的系着红绸带的中文版《INS技术》时显得十分高兴。在轻松的谈话过程中，他问我："你是在什么地方学会日语的？"我说："在山沟沟里。"怕他不理解，便把我学日语的经过大致说了一遍。他听了有些惊讶，连声说："很难得，很难得！"见他夸奖我反倒不自在起来，赶忙说："我学得很不好。到现在还是只能看，不会说，你看，今天我来见您还不得不带翻译呢！"我还告诉他："日语语法变化多，我一时还掌握不好，现在看看本专业的日文书还行，若是文学作品就只能望而却步了。"北原安定先生点点头说："有这点精神就很好。如果中国有许多像陈先生这样的人，通信的发展一定会非常之快。"我想，他是指我在翻译引进国外先进技术方面所做的工作，是对这项工作意义的肯定。

大约在过了两三年之后，北原安定先生应中国通信学会的邀请在人民大会堂作过一次报告。我聆听了他的那次演讲，并组织翻译了他的讲稿，刊登在我社出版的《电信科学》杂志上。

今天，人类已经进入了21世纪。当我重新翻看20年前北原先生写的那两本书时，深刻地感受到他思想的深刻，预见的准确性。感谢北原先生给了我两次很难得的学习机会；也感谢那磨炼人的岁月，给了我不畏艰难的求知勇气。

《我的科普情结》2009年

文化记忆

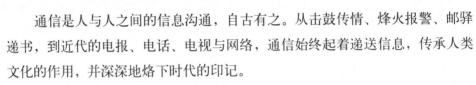

关于通信与文化的随想

通信是人与人之间的信息沟通，自古有之。从击鼓传情、烽火报警、邮驿递书，到近代的电报、电话、电视与网络，通信始终起着递送信息，传承人类文化的作用，并深深地烙下时代的印记。

尽管，通信是与人类的文化结伴而行的，但细想起来，在很长一个历史时期，人们基本上是把通信作为一种"工具"来看待的。特别是在通信资源匮乏的年代，打个电报也只是在紧急的情况下才肯破费的，而且字斟句酌，"惜墨如金"；长途电话更被视为高档消费。我年轻时就读于被称为"电信工程师摇篮"的一所大学，但五年中，纵然十分想家，却也没有打过一次长途电话，甚至连一点这样的"奢望"都没有过。在那个年代里，通信更多的是被当作像火车和飞机那样的运载工具，而它的文化内涵却往往被掩盖了起来。

回过头看看今天，情况发生了天翻地覆的变化。现在人们不仅可以不假思索地拿起电话就直拨国内、国际长途，而且还可以拿它发短信、读小说、听音乐、玩游戏、炒股票，以至于在移动中上网和接收电子邮件。今天的通信已不再是单纯的传递信息的工具，它带给人们的是一种全新的沟通体验，多姿多彩的生活情趣，以及引领潮流的时尚。它在不断改变着人们的生活方式和文化品位。谁也没有想到，40年前出现的小小手机竟然搅动了全球，催生了"移动生活""移动时尚"这样一些新的概念；不起眼的短信息，如今竟创造了年产值达数百亿元的价值，以致被经济学家们称作为"拇指经济""拇指文化"而另眼相看；特别是互联网和移动电话的强强联合，更颠覆了传统的购物方式、阅读方式、流通方式，以至于新闻传播方式，一种以个人为中心的"自媒体"应运而生……有了这些切身体验，恐怕我们谁也不会只把通信当成是一种单纯的

科技与文化交融，科技与时尚结合

沟通工具，而却为它所蕴含的文化内涵所震撼。

近年来，通信作为一种文化现象广受关注，我看主要有以下两方面原因。首先，是经济的发展带动了通信的普及。道理很简单，如果手机只有少数人有，短信息只有少数人用得起，它是不可能成为一种文化现象的。其次，就是它得到了日新月异的现代信息技术、通信技术的支持。正是那些不断更新换代的通信新技术，才使得通信从昔日单纯的通话工具发展到兼有通话以外其他多种功能的设备。新的技术促使通信与互联网结盟，给人们带来了通过通信终端实现从网上下载或阅读小说、浏览信息以及玩游戏等乐趣。据报载，从2005年1月1日开始，新华社与电信运营商已联手推出一项名为"新华视讯"的手机电视新闻频道，这标志着滚动播放、实时更新的"手机电视"已进入我们的视野……由此可见，文化在不断创新，通信技术在不断发展，它们正携手前行，不断点化我们的生活，带给我们一个又一个惊喜。今天为人们所津津乐道的"拇指文化""移动文化"，便是在通信与文化相融合的背景下产生的新的概念，新的事物。

通信技术与文化传播是相互依赖、相辅相成的。通信技术的进步不断为我们创造新的生活方式，而文化的传播又进一步刺激人们需求的多样性和个性化，推动通信技术向更高的层次发展。在包括通信技术在内的网络经济蓬勃发展的今天，我们要特别重视那拉动经济杠杆的文化，要提炼精华，去除糟粕，不断提高其含金量，使通信文化得以健康发展。

《科学时报》2005年2月28日

感受"互动"

而今，无论是在娱乐场合还是在科学文化传播领域，"互动"已被公认为一种有效的方式。

最早使我对"互动"之神奇威力留下印象的，还是那些有港台歌星上场的演唱会。港台歌星上台后的一声"大家好"，便使台下犹如微风吹拂的湖面，顿时动了起来，真给人有点"未成曲调先有情"的感觉。随后，又是握手、献花、飞吻、台上台下合唱等，使得整个演出过程欢声不绝、群情激荡。这种"歌外功夫"真使人大开眼界。由此，我也深刻地感受到"互动"的力量，以及它所产生的立竿见影的效果。

在娱乐场合，互动促进了观众和表演者之间情感的交流和沟通，为演出高潮的形成起到推波助澜的作用。其实，在科学文化传播领域，这种互动也同样是需要的。它是一种让受众参与进来，使受众对传播内容引起兴趣、引起共鸣的有效手段。互动是对"我讲你听"的灌输式传播方式的颠覆，它给受众以尊重，以主动权。

互动不仅发生在传播主体和受众之间，也常常在各种媒体之间进行。例如，影视媒体和纸媒体之间的互动已不乏其例。易中天的《品三国》在《百家讲坛》一炮走红，不仅使他的同名著作创造了发行量的奇迹，还带动了他早期的一些出版物的畅销；影视演员以一部影视作品成名，随后借风而上，搭车出书，这类事亦绝非个别。尽管有跟风、炒作的成分，但不可否认，这里也巧妙地运用了信息传播过程中的互动效应。"互动"符合受众的认知心理，较好地把握了事物之间相互关联性这一特征，因而合理地设计互动环节，便有可能使传播收到事半功倍的效果。

细想起来，巧妙地利用互动绝非始于今日，也非歌星们之首创。20世纪60年代初，当我刚踏进邮电出版社大门的时候，社里便有一本办得很火的杂志，叫《无线电》。这本杂志月发行量最高达到200万册，还需要凭证订阅，真是达到了"洛阳纸贵"的境地。当年《无线电》畅销的秘诀在哪里？我认为，主要是由于它成功地实现了与读者的互动。当时，社会上存在一股装机（收音机）热；加上当时远比电子管小巧的晶体管面世不久，许多人都以在口袋里揣一个单管机，耳朵里塞上个耳塞边走边听为时尚，就像今天人们热衷于MP3、MP4一样。所不同的是，当时没有这样现成的产品，人们以自装自听为乐。《无线电》看准了这样一种需要，不断在杂志上推出新元件、新电路，介绍读者的新经验和新感受。文章大多出自读者之手，也有若干像冯报本那样的名家之作。这样一来，社会上的装机热就与杂志上相适应的报道形成了很好的互动，使杂志在读者中产生了强烈的"期盼效应"。正是这种互动，以至于"共振"，终于使得《无线电》杂志达到了一刊难求的程度。在这种情况下，不要说是"发烧友"，就连我这样一个还称不上"无线电爱好者"的人，也被"互动"得有了几分"热度"。记得当时我也装了一个"眼镜盒"单管机放在上衣口袋里，以此附庸时尚。后来还紧跟《无线电》杂志一步步升级，直至装到了7管机。

如果深入一步研究畅销书刊，我们总能从中找出它们迎合读者需要、与读者形成交互或共鸣的地方来。有些昔日盛极一时的媒体，而今辉煌不再，究其原因，恐怕大都也是由于时过境迁，昔日的互动点已经消失的缘故。如果新的互动点不能形成，就会造成原有读者群的解体，大量读者的流失。这就像一个企业遭遇到旧产品已失去魅力，而新产品又未成型那样的局面。

但是，"互动"毕竟是一种形式，它是以内容为依托的。就像台上的歌星要与台下的听众形成互动，首先是要有好歌和能把歌唱好的本领，否则听众是不为所动的。我们做媒体的也一样，首先要有好的构思、好的内容，在内容的创新上下够功夫，做到先声夺人；然后，再找出互动点，设计好互动环节，并采用各种创新的形式来表现内容，以求得传播效果的最大化。另外，互动的内容和形式都烙有明显的时代印记，因此我们必须不断地紧跟时代，创新理念，为媒体设计出符合新时代潮流而又不落俗套的互动形式。

《科学时报》2008年7月4日

文化记忆

走进个性化世纪

个性化的21世纪

在人的一生中，要过很多个年。常言道："年年岁岁花相似，岁岁年年人不同"。人们总是带着新的期待、新的希冀，在喜庆的鞭炮声中，迎来新的一年。迎新年如此，迎新千年自不容说了。一时间，许多专家、未来学家都对新的世纪作出种种预测，真可谓仁者见仁，智者见智。

其中，有一位未来学家在预测21世纪的通信时称，未来的世纪是"个性化世纪"。诚然，对于"个性化"，我头脑里还没有一个很完整的概念，但在模模糊糊、隐隐约约之中，对上述预测似也有一点同感。我这个年龄的人，都经历过无论男女老幼，全穿蓝的、灰的，都同看几台戏的年代。显然，那个年代无"个性"可言，更谈不到什么"个性化"了。由于商品的匮乏，市场的封闭，就连装在办公室里的电话机也都是千篇一律的黑色，不管你喜不喜爱，都只此一种，别无选择。

时代在进步，科学技术在飞速地向前发展。人们对物质文化生活的要求也随之一天比一天提高。今天，我们面对着一个充溢着高新科技的开放市场。商场里的服装五彩缤纷，各种款式应有尽有；在电信商店里，各式各样的电话机争奇斗艳，少说也得有几十种可供你选择。如果哪个厂

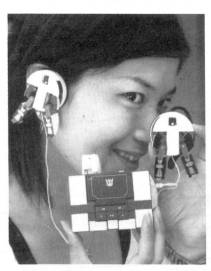

可变身为一个机器人的"变形金刚玩具手机"

家还坚持要生产那又黑又笨的老式电话机，必将无人问津，面临倒闭的命运。为了满足人们喜新的心理和不同的需求和爱好，不仅老的产品要不断花样翻新，常卖常新，而且，还应把握社会经济发展的脉络，不断更新观念，开发新的技术，推出新的产品。例如，为了满足人的流动性的需要，出现了移动电话。开始，它只是一种身份的象征。人们不那么重视它有多少功能，更不计较它的"长相"如何。但后来，随着移动电话的普及，各种个性化的需求便也应运而生。善观市场风云的手机生产厂家为了迎合不同人的心理需求，便纷纷推出了各式各样为各阶层用户"量身定做"的手机。譬如，摩托罗拉便同时推出科技追求型、时间管理型、形象追求型和个人交往型4个品牌，手机之"换装""变脸"，更是"雕虫小技"。正如以新型"甲壳虫"挽救大众汽车形象的SHR感性管理公司创始人巴里·谢泼

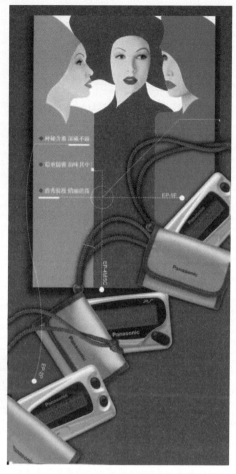

曾经风行一时的时装型寻呼机

德所说的：消费者追求的已不仅仅是产品的功能，还要体现所有者的个性。

个性化的家用电器

在不久前举办的一个家用电器展览会上，人们看到了许多能体知主人喜好的家电产品。例如，能在主人回家前半小时自行启动的空调机；能根据冬夏季节不同自动转换的既能保冷，又能保热的冰箱；可以根据主人喜好从网上下载程序和菜谱的网络家电，等等。另据报道，一种个性化电视将在欧洲登陆。它实际上是一种能根据个人习惯和喜好对电视节目进行重新编排的新型个人录像机。有了这种设备，人们就不会错过自己想看的节目，而且想什么时间看就什

么时间看。它还可滤掉中间插播的广告，操作起来十分简便。可见，在未来世纪，家电也将一步步向个性化、人性化的方向发展。

个性化的互联网

如今，互联网正如日中天。可人们还没等过够网上冲浪的瘾，便已经开始抱怨它所带来的"物理性束缚"了。因此，一幕幕"剪断脐带"，使互联网得以在无线空间延伸的壮举便已上演。君不见在各大手机厂家的电视广告里，哪家不以手机、寻呼机、个人数字助理能上网为号召，让用户乐于再掏腰包。而今天的时尚男女，不论走到哪里，都对网络情有独钟，难舍难分，以寻求在网上冲浪、炒股、采购、娱乐等超值享受。

在个性化时代，一些"游戏规则"也都在变，在向"以人为本"的方向变。就拿人与互联网的关系来说，今天我们说"上网"，是指我们到网上去寻找信息。随着网上信息容量的与日俱增，以及大量信息垃圾充斥其中，"找"信息就像是沙里淘金，变得越来越困难了。现在，网络服务商已在改变观念，推出种种根据用户需要主动提供有用信息的服务。今后，人们不仅可以享受到上网点播信息之高效、快捷，还可以经常得到网络之体贴和关照。譬如，在母亲节前夕，互联网会通过具有上网功能的ＷＡＰ手机提示你，是否有必要给你母亲买份礼物；它还将告诉你，在附近街区，哪里有购买此类商品的店家。由此可见，未来世纪，在重视产品质量的同时，服务被提高到一个十分突出的位置。这种服务必将是体现"以人为本"，非常"个性化"的服务。

现代通信和互联网正在使地

手腕式移动电话手机

球一步步缩小，"天涯若比邻"已成为科学的现实。可是，各个国家和民族之间的尽情交流，还受到语言不同的隔阂。在崇尚个性化的21世纪，这座"大山"也可能会被搬掉。到那时，你拿起电话尽管哇啦哇啦地说，而不需要顾及对方是哪国人，听不听得懂汉语。因为，未来的智能化通信网完全可以充当"翻译"。你说"喂"，对方听到的便是"Hello"之类的外国话。今天，互联网上一项最受欢迎的业务——电子邮件（人们昵称为"伊妹儿"），也正在探索走个性化的道路。一种不是通过键盘，而是用个性化手写板直接传送手写体电子邮件的系统已经问世……

个性化增添的温馨

个性化将作为一种新的时尚，以及人类对美好生活的进一步追求，在21世纪大行其道。现代通信给人们所奉献的，将不仅仅是快速的、跨越时空的信息传递，而且还多了一份亲情和温馨。

个性化之所以能成为即将开始的新的世纪的特征，而成不了20世纪人们的追求，是有它深刻背景的。世界经济的高速发展，科学技术的日新月异，使个性化有了需要，有了实现的基础。还是以电话为例，想当年，大家都在排着队登记装电话的时候，人们想到的只是什么时候能"装上"电话的问题；经过这么多年的发展，电话不仅不再是紧俏商品，而且有的城市还逐步趋向饱和。这个时候，用户便想到"好"的问题，想到了按个人的心意来个"锦上添花"；而厂商为了开辟新的市场，也把迎合用户心理，生产形形色色的个性化产品，提供为用户量身定做的特色服务作为新一轮制胜的战略。

中国有句老话，叫"瓜熟蒂落，水到渠成"。同样道理，个性化的追求也不能脱离实际，好高骛远。在这方面，铱星的稍纵即逝永远令我们引以为鉴。

《知识就是力量》2000年第7期

体验经济的启示

最近一个时期，有关体验经济的理念已经在国内媒体上广为传播。它正在引起各行各业的重视，并由此引发出了不少有价值的思考和战略性的举措。同样地，它对于我们科普创作和科普出版，也有很多有益的启示。

什么是体验经济

一般认为，体验经济是继农业经济、工业经济和服务经济之后的一种新的经济形态。早在1970年，《第三次浪潮》的作者、未来学家托夫勒就曾在他所著的《未来的冲击》一书中指出："服务业最终会超过制造业，体验生产又会超过服务业。"历史证明了托夫勒的这一预言。

随着社会经济的发展，已经有越来越多的人不再为衣食住行发愁。以我国为例，几年前便已从6天工作制过渡到5天工作制，并延长了"五一""十一"的假期，使人们有了更多的由自己支配的闲暇时间，旅游业、游戏业等休闲产业随之蓬勃兴起。人们在这些以自身为目的、为活动而活动的过程中自娱自乐，得到某种满足，这就是体验。对于企业来说，"体验就是以服务为舞台，以商品为道具，以消费者为中心，创造能够使消费者参与、值得消费者回忆的活动"。迪士尼的久盛不衰，拉

"体验"中国东北的民俗

斯维加斯独出心裁的古罗马交易市场的巨大吸引力，也正是由于它们向消费者提供了富有挑战性、刺激性、而又有相当知识含量的体验，令人们久久难忘；网络游戏不仅为每个玩家提供了一个超越现实生活的虚拟空间，而且还使每个人都能与"事件"互动，体验到一种"非理性"的价值满足；移动通信企业也正以手机作为道具，为用户提供包括新闻资讯、娱乐休闲、证券彩票、生活百科、互动游戏等多样化的服务。用户通过手机的点播定制，便可以获取自己所需要的个性化服务。而任何一项服务被个性化之后，便变得值得记忆，成为一种体验。

现在，许多有远见的企业家都把未来竞争的战略锁定在"体验"上。英特尔公司的总裁葛鲁夫曾经说过："我们的产业不仅制造和销售个人电脑，更重要的是传递信息和形象生动的交互式体验"。惠普与康柏两大公司的联姻，其实质也是由产品经济、服务经济转向体验经济。合并后，他们提出了"全面客户体验"的全新理念，把"一切围绕客户体验"作为自己的工作核心。如果我们稍加留意，类似的战略调整和转移也在联想等其他一些公司企业中悄然进行着。

体验经济方兴未艾。20世纪末的最后一期《时代》杂志曾经预言：到2015年前后，发达国家将进入休闲时代；休闲将在美国的国民生产总值中占据约一半的份额；新技术和其他一些趋势可以让人们把生命中的50%时间用于休闲。事实上，据美国有关部门统计，即便是在当前，美国人也有1/3的休闲时间，有2/3的收入用于休闲。

当然，体验并不只意味着休闲，它有娱乐、教育、逃避、审美四种形态。在体验中人们得到快乐的同时，也能学到某些知识和技能。目前，活跃在荧屏上的"开心时刻""快乐总动员"等一些栏目，都是娱乐性和知识性兼备，让观众参与体验的活动。以观众为主体以及交互性，是它们成功的秘诀。

体验经济的启示

体验经济时代的到来，对我们科普创作和科技出版业到底都有哪些启示呢？

首先，它要求我们在创作内容上逐步适应经济形态的这种变化，把满足人们对于"体验"这种需求放在一个重要位置上加以考虑。否则，我们便会失去一个大的市场。前一个时期，一些出版社调整选题结构，涉足于旅游、探险、游戏、服装这样一些休闲领域取得成功；一些电脑类杂志附赠游戏软件，音响技术类杂志附赠音乐欣赏光盘而大受欢迎。所有这些都表示，出版行业正在逐步适应体验经济时代的到来，探索如何在让读者获得"非理性"满足中营造市场，创造价值。应该看到，这

快乐的科普体验

仅仅是开始，还有很大的空间有待于我们进一步加以开发。

第二，我们应该认识到，体验经济具有个性化的特点。在消费者看来，个性化的体验比简单的商业交易有更高的价值，他们愿意为体验这个过程而付出额外的金钱。一个有说服力的例子便是，在世界杯足球赛期间，很多人放着家里的电视不看，而宁愿到酒吧、茶坊里与许多人挤在一起看球。他们花几十元钱，买的不仅是一杯茶，而是与很多人在一起猜球、议球、评球的这样一种体验以及对这种体验的回味。酒吧、茶坊也正是针对这一群体的个性化需求，精心去营造一种为他们获得这种体验的环境，并从中创造超额的利润。过去，我们写书、出书，都把"老少咸宜"作为卖点。其实，在进入体验经济时代后，既适合"少"、又适合"老"的这类没有个性特色的书，其市场将会越来越小，而针对某一读者群体需要，为他们"量身定制"的书将会大行其道。我们的科普创作似乎也应在体现作品的个性特色上多下点工夫，而避免千篇一律和低层次重复。前几天，有位朋友送我一本"中华姓氏通史丛书"中"陈姓"分册，我觉得它比我书柜里那本《百家姓》更受用，因为这是为"陈姓"一族所"量身定制"的。

现在，个性化服务已随处可见。每次到"麦当劳"用餐时，都能看到他们针对儿童所推出的花样翻新的特色服务。在餐厅这个"寸金之地"，他们还不惜辟出一角，添置滑梯、木马一类儿童喜爱的游乐设施。当我们看到许多小孩兴高采烈地又吃又玩时，便立即意识到，商家推销的不仅是汉堡、薯条，还有边用餐、边玩耍的一种体验以及对这种体验的挥之不去的回味。正是这种体验

刺激了消费，为商家获取更大的利润。

使消费能满足人们的个性化需要，并且成为记忆，这是体验经济的关键。我认为，出版与展览、出版与影视以及出版与一些重大事件的互动正是利用了这一点。有位朋友告诉我，他们写的有关恐龙的书在恐龙展中销得特好。我想，这就像我们每到一个旅游胜地总想带回一两件象征性的纪念品一样。这也是为了让一种体验留下记忆而付出的代价。2002年8月20日至28日，世界数学家大会在北京召开之时出现的霍金著作的销售高潮，也说明了这一点。

现在，科学普及已经告别纯知识讲解和灌输的年代，不少作者和出版单位都在探索如何将科学与人文、科学与艺术相融合，以适合新时期人们的需求和阅读口味的变化，使阅读成为一种难忘的体验和永久的记忆。

第三，体验经济的另一个重要特征是它的交互性。上面提到的"开心时刻""快乐总动员"等电视栏目，就是利用台上台下、台内台外交互，吸引广大观众参与其中而取得成功的例证。不久之后，交互式电视将走进普通百姓家庭，这更是以"交互性"为主要特征的传播手段。现在，网络游戏、手机游戏炙手可热，其魅力在很大程度上也来源于它的"交互性"。在我们进行科技知识的传播过程中，如果也能做到让读者在获取某种知识和技能的过程中主动地参与进来，并与作者形成"交互"，那势必会大大增加知识传播的效果。

很多人都不止一次地过过生日，它留在我们记忆中的恐怕并不是蛋糕的美味，而是一种难以忘怀的经历和体验。我们的科普创作最终也是希望读者在接受科技知识的同时能直接或间接地体验其中的过程，使阅读成为一种享受，成为一种记忆，就像人们在迪士尼乐园和拉斯维加斯古罗马交易市场所经历的那样。当然，阅读科普读物是属于教育型的体验，它比不上游戏那样轻松愉悦，而要求读者有更高的获取知识和技能的主动性和积极性。

实际上，体验与营销的关系也十分密切。现在，越来越多的人已经把购物、购书作为一种体验看待，愿意选择那些环境宜人，有一定文化艺术氛围的地方去进行消费。这种趋向，也是我们图书出版业所不可小视的。

有人说，体验经济是一个筐，很多内容都可以往里装。本文就是自己在学习"体验经济"的时候，试图将科普和出版这个内容往里"装"的一种尝试，内中也有自己一些十分粗浅的思考和心得，写出来就教于科普界同行。

2002年9月26日

——陈芳烈科学文化记忆

邮票与科普

说起邮票，很多人都喜欢。我也如是。偶尔，我也受"集邮热"的影响，随"风"而动，零星地收集一点儿。但由于缺乏恒心，怎么也跻身不到"集邮爱好者"之列。

可是，在科普创作中，几次与邮票的邂逅，却使我十分难忘。由此对它也便多了一份情感。

第一次与邮票的邂逅是在1983年。那一年，联合国为了强调通信对人类发展和进步的作用，把这一年定为"世界通信年"。当时，《知识就是力量》杂志的编辑便约请甘本祓和我等与通信沾点边的作者写文章。我思来想去，决定换个角度试一试。于是便在一本国外杂志的启发下，把邮票作为一个切入点，写了篇《邮票上的通信》。文章以各国发行的有关通信的邮票为素材，勾勒出人类通信的简要历史，以及它与人类生存、发展之关联。这是我在科普创作中第一次拿邮票"说事"。

没有想到，这种通过邮票传播科普知识的初次尝试，真还获得了一些好评，并引起若干"连锁反应"。不久，我所供职的人民邮电出版社便拓展这个选题，组织了《邮票上的科学》一书的出版。我应约撰写了其中"通信博览"这一章。紧接着，邮电出版社还与中央电视台合作，推出了由程仁沛执导的同名电视片。后来，这部电视片不仅在中央电视台一次

《邮票上的科学》书影
（1987年5月出版）

次重播，成为当时荧屏上的一桩盛事，而且还在国内和国际的评比中多次获奖。

通过这次看来有点"歪打正着"的实践，使我看到科学与艺术是相通的；文学、绘画、艺术可以用来为科学传播服务，使它能更形象、更深刻、更引人入胜。这也增强了我进一步探索科学与人文融合，寻求科普的多种表现形式的积极性。

如果把上面这次与邮票的邂逅，看作是"科普找邮票"的话，那么，我下面要说的那次经历，便是"邮票找科普"了。

那是在1997年，邮票公司把《中国电信》题材的邮票列入它的发行计划。这套邮票计划发行

《邮票上的科学》"通信博览"部分全页插图

4枚，确定由王虎鸣、阎炳武两位先生设计。这是两位久经"沙场"、很有名望的邮票设计家，在邮票艺术分寸的把握上可以做到举重若轻、游刃有余，但他们对于如何去表现这个科技含量很高而又离百姓生活很近的"电信"，依然感到十分棘手。

于是，他们想到有必要"科普"一下。经一位朋友的推荐，他们找到了我。我以尽量通俗浅近的语言，向他们介绍了蓬勃发展中的中国电信的几个主要领域，描述了它们的基本特征，为艺术家们在邮票上展现"电信"的形象提供了可供借鉴的思路。

《中国电信》邮票发行后，两位设计家给我送来了有他们签名的《中国电信》邮票首发纪念封，并应《集邮》杂志编辑之约写了篇介绍这套邮票设计过程的文章。文章中他们颇有感触地谈到了这次"科普之旅"。我也在《中国邮政》上发表了《风景这边独好》一文，对《中国电信》这套邮票的主题思想

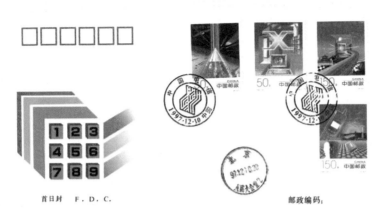

作了一次科普的解读，以此作为对他们文章的呼应。

这次与邮票设计家的交往，使我意识到，原来科普也是可以为艺术服务的。它还使我联想到

1997年发行的《中国电信》特种邮票首日封

许多与科普有关的领域，如展览、广告、产品说明书等。譬如，现在有些面向大众的展览会，由于过于专业化，缺乏贴近大众的思路和语言，令许多人载兴而来、扫兴而归。每当这时，我便想到科普的缺位。天书一般的产品说明书，缺乏科学严谨性、经不住推敲的广告语言，也多么需要科普的支援……这说明，除了科普书刊作为科普的主流载体外，科普还有许多用武之地，需要我们去开拓。我想，我们的科普作者也不妨拓展思路，迈开双脚，去尝试一些新的

请何振梁先生在新出版的《萨马兰奇奥林匹克体育邮集》上签名（1993年）

为编辑邮票图集《百花颂》，向周巍峙先生（右中）讨教（1992年）

科普领域。或许，在那里还真有所获，能闯出个柳暗花明、别有洞天呢！

邮票，有"国家名片"之雅称。一国之政治、地理、文化、科技，乃至民风、民俗，都可以从该国发行的邮票中得到反映。在日益全球化的今天，激荡的世界风云变幻，以及国际科技的重大进展，例如苏联第一颗人造卫星的上天、阿波罗登月等等，都成了许多国家邮票的题材。因此可以说，邮票是浓缩的历史，是包罗万象的"百科全书"。

目前，在图书市场上已有不少《邮票上的××》一类科普图书出版，这说明邮票的丰富科学技术内涵以及它生动的艺术表现形式已引起人们的重视。这里，也不乏图文并茂、颇具视觉冲击力的作品。这是科学与艺术碰撞的产物，体现了科普与人文的交融。但是，也应该看到，目前这类图书大多还是平面解读式的。说白了，就是"看图（票）说事"，有点类似于图说，缺少编织和梳理的功夫。要知道，邮票本身是一种艺术，除了有欣赏的价值外，在不少邮票背后还都有它自己的"故事"。因此，我们不能把邮票当作一般插图对待，应该发掘其更深层的文化内涵，寻求邮票与科普在更高层次的结合，使邮票这种独特的艺术形式在科普作品中的作用发挥到极致。

方寸邮票，乾坤在握；浩瀚邮海，风光无限。让我们驾起科普之舟去扬帆远航，驶向那海天一色、人文交融的远方。

《科普创作通讯》2013年第2期

故乡的小河

在江南水乡长大的人，对那里的河总是怀有一种特别的情感。我也算是其中之一吧！

我出生在浙南的一个小镇——路桥。当年，在这个镇上，只有一条石板铺就的长街，从东到西，足有十里。与这条街紧挨着的便是一条长长的河。我不知道它都能通到什么地方，只是从客船、货船往来的繁忙景象，判断它一定是一条重要的水路。

这条河与几十里外我外婆家的那条小河是相通的。虽然我儿时到外婆家大都是走陆路的，但偶尔也坐船沿水路奢侈一回。坐船看景是件有趣的事，沿途水渠交错、阡陌纵横，一片片稻田像绿毯一般镶嵌其间，偶尔还能看到牛背短笛这类诗中所描写的情景。特别是油菜花开的时节，黄绿交映，煞是好看。在河的两岸，还可以看到成片的橘林。由于地属黄岩县境，这里所产的橘子也便统称为"黄岩蜜橘"。

外婆家在一个只有数十户人家的村子，叫北山村。一条小河把村庄分成了"南岸"与"北岸"，往来两岸需要通过东边的小石桥或西边的独木桥。外婆家地处南岸，我在西

家乡路桥的十里长街——石板路和街边的一排小木屋难掩它当年的古朴风韵（1992年）

1992年，阔别家乡40余载的父母亲，坐在桥头上与姑姑（左）叙旧。
左侧为姑姑家枕河而筑的老宅

山村上小学的时候，每天都要提心吊胆地通过这晃晃悠悠的独木桥。

外婆家门前的那条小河，不知道它有没有正式的名字，只记得人们管它叫
"长河"。也不清楚它到底有多长，只知道它是通海的。小河欢快地流淌着，
水也很清澈。人们走出房门下了石阶，便可以在那里淘米、洗菜，或在石板上
用木棍捶洗衣裳。如果你蹲在岸边洗刷盛过饭的箩筐，便会引来一群争相觅食
的鱼儿。这种小鱼通常都浮在水的表层，我们叫它为"鲳条儿"。只要轻提箩
筐，总能逮上几条来。这种抓鱼的方法十分简单，且屡试不爽。

夏日里，这条小河更成了人们的活动中心。清晨，洗菜淘米；晌午，会有
不少人坐在大树底下垂钓；傍晚，经过一天劳作的人们便纷纷到河边洗澡、纳
凉，孩子们也三三两两地前来戏水，还常常伴随着"噼里啪啦"的捶衣声，一
片欢声笑语，好不热闹。

我的许多童年记忆，也都是与这条小河分不开的。放学回来，我常坐在河
边钓鱼。河里的鱼可真不少，特别是涨水时节，小河的水流变得更加湍急，从
上游会有很多大鱼顺流而下，是不容错过的好机会。有好几次，我都钓到木桶
装不下为止。

除了钓鱼，还有一件乐事就是随同大人去看戏。离外婆家有十几里路的东山头有个大戏台，常有戏班子来演地方戏——越剧。它吸引邻近的许多人前来观赏，特别是听说戏班子里有一两个"名角"时，看戏的人更是摩肩擦背，去晚了是很难挤进去的。记得有一次，外婆说要带我们几个孩子去看《白蛇传》。小娘舅神秘地告诉我们：在白娘子和小青登台时，戏台房顶上会有白蛇、青蛇"现身"。我们深信不疑。天还没有黑，我们就早早地出发。当小船载着我们通过长河到达东山头时，开场锣鼓已经敲过。在大人们聚精会神看戏的时候，我们这些孩子就死盯着戏台房顶，看有没有白蛇、青蛇"现身"的动静……当乘船回家，满船人都兴高采烈地在谈论戏里的角色时，我们却都茫然。因为我们只专注白蛇与青蛇何时"显灵"了。尽管戏没有看进去多少，但这次坐船看戏的经历却使我难以忘却。那长河月色、桨声笑语时常萦绕脑际，成为我童年的美好回忆；那带有浓厚江南风情、婉转动听的越剧，也从此成为我一生的爱好。

1950年，我们全家随父亲来到杭州落户。由于种种原因，直到1992年，我才陪同父母再次回到阔别40余载的家乡。不仅到了路桥镇、北山村这些留下我许多童年记忆的地方，也去了我们全家抗战逃难时经过的雁荡、天台等地。家乡变化实在太大了：我上学时不知往返过多少次的路桥镇上那条十里长街，几乎被一大片高楼所淹没，街两边是被"规范化"了的商铺。在一位亲戚的指点下，我总算找到了曾经是我家的那座二层小楼。虽然破烂凋零，但依然亲切。

外婆家门前的这条小河，曾给我留下许多美好的童年记忆。如今它却流淌着污泥浊水，失去了往日的生机（2002年10月）

路桥是个古镇，记得在十里长街的东头有一个叫"邮亭下"的地方，想来应该是当年驿站之所在，现在恐怕很少有人知道了。前面提到的与十里长街毗邻的清澈的长河，已污浊不堪，再也看不到昔日船来船往的繁忙景象。或许，机场、四通八达的公路已经取代了它在交通上的地位，但一条河流的生态、景观以及它与当地历史的渊源是谁也取代不了的。在现代化设施崛起的时候，为什么没有想到也给长河和十里长街这些宝贵的历史遗存留下一点空间，让它保留一些令子孙后代回忆的特色呢？

江南水乡

回到北山村，在堂屋里已见不到外婆坐在那儿一针一线为全家人纳鞋的情景。昔日穷困的山村已经出现了一些两层、三层的小楼；公路已通到邻村西山，听说不久就要直达北山村了；村里也有几家小厂。但当我寻找昔日充满生机的小河时却惊讶地发现，它已经成了一条又窄又脏的臭水沟，人们往里倒垃圾、排污水，这样的河道自然也难觅鱼儿的踪影；虽然村后的青山犹在，但沿河的橘林已被砍伐殆尽……

家乡富裕了；家乡也不再闭塞，许多隧道和高速公路把江浙沪连成一片，家乡路桥还有机场可直飞北京；程控电话、高速互联网遍布城乡……家乡确实发生了巨变，变得我难以置信、难以辨认了。但当我想到这两条河的灾难，却怎么也高兴不起来。我在想，这难道是现代化所必须付出的代价吗？江南素称鱼米之乡，这鱼、这米，都是靠水来滋养的。水同时也养育着江南的人民。许多村庄绕水而筑、许多人家枕河而居；河上的渔舟，桥头的茶馆，都是江南特有的景色，如果没有了水，或一江清水变成了浊水，甚至毒水，村民们还会幸福吗？我多么希望下次再回家乡的时候，能看到被恢复的十里长街，看到那印在我童年记忆中清澈的小河和欢快的游鱼。

2013年11月

文化记忆

湖滨忆旧

　　11月初的北京，已是大雪纷飞，但南国依然是天气晴和，秋高气爽。在游人如织的西子湖畔，我见到一位久违的友人——徐福新。我们在一处茶室落座，一边品茗赏景，一边追忆共同经历过的那逝去的岁月。

　　在电信这个行业里，徐福新也算得上是个名人。人们都亲切地称他为"阿福"，当年一种被称作"小灵通"的通信工具，便是在他的助推之下风生水起、红遍大江南北的。徐福新也因此而享有"小灵通之父"的殊荣。

　　我认识他是在20世纪70年代。那时，他还是基层电信局的一名技术人员，以技术革新在电信业界初露头角；我是《电信技术》杂志的编辑，通过采访和日后的一次次文字交往与他结识，并建立了友谊。这次相聚，我们少不了谈些有关电信的人、事变迁，但此情此景，也免不了会勾起我们对一段科普往事的回忆。

　　20年前，大概也是这个季节，科普作家协会的同仁们把我推到了工交委员会主任这个岗位上，这令我十分忐忑不安。"停摆"十年的工交科普活动如何在没有任何经费

1993年10月，时任余杭邮电局局长的徐福新在中国科普作家协会工交年会上发言

的支持下重新启动，这是摆在我面前的第一个难题。不久，我探亲回杭州，与时任余杭县电信局局长的徐福新邂逅，无意中我提起了这件事。没有想到，他的反应居然十分积极，当场便表示：你的第一步就从我这里迈开吧。他说："我多年来一直在搞技术革新，经常从科普中获益，深知科普的重要，所以我要支持科普。"言语真诚而恳切。就这样，我接手工交科普后找到了第一位热心支持者；第一次年会也终于在1993年春在余杭拉开了帷幕。许多久违的老朋友又相聚在一起，热烈而激动的情景至今还令我难忘。

　　1993年在余杭召开的工交科普年会既是艰难的起步，也是成功的突破。因为从那一年开始，工交科普重聚人气，开始探索依靠社会各方面的支持把科普活动开展起来的路子。

　　工交科普的起步给了我们一个重要启示，那就是科普也需要宣传，不仅要对科普作家有吸引力，还需要争取社会的理解和支持。基于这样一种认识，我们的每次学术活动便不仅邀请科普作家、编辑参加，也邀请热心于科普的企业家和其他方面的人士参加。这样做，不仅起到集思广益、丰富科普交流内涵的作用，也使更多的人了解我们在做什么，有什么意义。通过这样的一次次活动，我们结交了不少朋友，赢得了越来越多人的支持。我们的工交科普活动也正得力于会员的鼎力支持和社会各界的助推一路走来，成为一个受大家欢迎的

1998年，中国科普作家协会工交专业委员会学术年会在井冈山召开

交流平台。

这些年来，我们也体会到科普年会"开门"的好处，尝试着增加科普影响力的一些做法。例如，1996年我们在嘉兴召开工交科普年会时，在东道主嘉兴市电信局局长章昌江的主动沟通下，我们专为嘉兴市的干部职工作了专场科普报告，主讲人便是那次年会特邀的报告人王直华先生。1997年，我们在广东佛山召开

与老友章昌江（左）、徐福新（右）相聚于浙江长兴农家（2014年5月）

年会时，也与佛山市科协共同组织了科普报告会，成功地实现了与青少年的互动。此外，在科普活动的带动下，我们团结一批科普作家，策划和编写了《现代电信百科》《e时代N个为什么》和《科学阅读》等一类图书。虽然，这不是科普活动的直接成果，但它却是一条不可缺少的"纽带"，起到了开阔思路和凝聚力量的作用。

我在工交科普方面的工作早已在三年前"交班"；2012年10月在中国科普作家协会的第6次全国代表大会上，我卸下了在科普工作方面的最后一个职务。今后，参加科普活动的机会虽然少了，但因科普而结下的友谊却会成为美好的回忆而永驻心头。

这几年，我每年都要回杭州住些日子，因为，这里不仅有我少年时期不少美好的记忆，对它的山山水水都怀有难以割舍的深情；而且，这里还有许多家乡朋友，以及我电信业的同行，他们是助我迈开脚步，走进十余年科普路的力量。对于这无比真诚的支持，我至今仍怀感激之情。

夕阳映照下的西子湖，波光粼粼，空气中散发着秋菊的芬芳。不知不觉间，我与徐福新先生你一言我一语地，已经小聚了近两个小时。当我们离座时，都有同一种感慨：原来，回忆也是一种享受。那是因为，其中有人生奋斗的快乐，还有难以忘怀的真诚友谊。

卢鸣谷先生二三事

卢老与我们永别了。他走得如此匆匆，以至于连最后一次为他送行的心意都未能表达，想起来十分难过。

记得在6月下旬，卢老请福海同志带了个口信给我，说有事要找我商量。我急忙给他打了个电话。他说想找个时间与我研究一下科普图书评奖的事。我们相约，等他有了时间，我便去接他，顺便也想请他来看看我们的新社址。由于卢老手头的事太多，一直安排不出时间来便匆匆登程去上海了。临行之前，他还打电话告诉我，说实在太忙，要等他从上海回来再与我见面。我也对他说了几句送别时常讲的话。怎么也没有想到，这竟成了与卢老的永诀。

卢鸣谷先生是中国版协科技出版委员会的主任。我与他相处的时间不算长，除了会上的接触，平时的往来并不多。但卢老给我留下的印象却是难以磨灭的。他那高昂的工作热情和为科技出版事业鞠躬尽瘁的崇高品德，无愧是科技出版工作者的楷模。记得1993年在南宁参加社长总编年会的一个夜里，卢老接待了好几

1992年6月，在《米老鼠》杂志创刊新闻发布会会场，科技出版委员会主任卢鸣谷（中）与人民邮电出版社领导合影

批客人后已是十点多钟，他还把我找去，与我商量科普图书评奖的事。他说：这几年我们搞了全国科技图书评奖活动，评的主要是学术著作，而许多出版社出了不少好的科普图书，却没有获奖的机会，对此他总觉得很是不安。他想在当年搞一次全国性的科普图书评奖活动，让我帮着做点具体工作，并表示经费由他去筹集……午夜时分，当我从他的房间里走出来时，一股深深的敬意不禁油然而生。一位年逾古稀的老人，还如此主动地给自己找麻烦，压担子，时时处处为科技出版事业着想，这是多么难能可贵的精神啊！

说来也很惭愧，我几次找卢老，都是"无事不登三宝殿"，或碰到疑难问题要向他求教，或请他帮忙协调工作中的某些环节，但每次都得到卢老的热情开导和具体指点。每当我向他表示谢意时，他总是乐呵呵地说："没关系，有什么事尽管说，我来办！"一种豪爽而坦荡的胸怀溢于言表。记得1991年我们出版社在申办合资出版《米老鼠》杂志遇到困难时，我第一个想到能帮助我们的人也是卢老。果不出所料，他不但认为这是值得尝试的新事物，还为此跑上跑下，倾注了极大的热情。卢老对于《科技与出版》杂志的关心更是无微不至，从办刊方针、人员配置以至于发行工作，事事都想到了。这本刊物从无到有，一直到形成今天这样的规模和影响，都凝聚着卢老的心血。

卢鸣谷先生虽然走了，但他为科技出版界留下了许多好的传统，也注入了凝聚力和青春活力。

卢老的逝世，使我失去了一位可崇敬的长者，科技出版界也失去了一位德高望重、勇于进取和开拓的领路人。这些天来，在悲痛之余，卢老的身影仍时常浮现在我的眼前。我仿佛看到他穿着那件藏青色的中山装，挺着硬朗的腰板迎面向我们走来；仿佛他那洪钟般极富感染力的声音，又一次在全国科技出版年会上响起，久久地回荡在我们心中。

《科技与出版》1994年第5期

流光墨韵

——陈芳烈科学文化记忆

情系科普的企业家——高峰

　　高峰先生走了。这个消息是两天前才听说的，竟迟到了半年！我怎么也不能相信，一个精力旺盛、一心想通过优质补钙产品为人们送去健康的高峰，会"抛却"他二次创业的梦想，如此匆匆地离开了这个世界。但经过几个电话的核实，我终于不得不接受这样一个残酷的现实。

　　高峰先生是福州人，在有名的鼓山脚下经营一家不大的以补钙产品为主的企业。由于他对科普的重要性有独到的理解，因此他不仅积极参与科普活动，

2006年10月29日，在白洋淀召开的"科普创作与出版座谈会"上，热心于科普事业的企业家高峰先生（左4）与金涛（左1）、陈芳烈（左2）、汪国真（左3）以及许成厚夫妇（右2、右1）合影

还不遗余力地为科普提供力所能及的支持。参加过中国科普作家协会工交委员会活动的人，想必都能回忆起他那招牌式的笑容和彬彬有礼的举止。他是两次工交科普年会的东道主，他热情、忠厚、谦和，在业界同仁中有很好的口碑，在科普界也不乏可信赖的朋友。

我与高峰相识于1995年。从一位福建籍的科普作家那里，我知道高峰是一位热心于科普和公益事业的企业家。由于彼此有许多共识，我们便把1995年工交科普年会定在福州召开。高峰为这次学术交流的开展做了很多细致的安排，给与会者留下深刻的印象。高峰也从此成了我们中间的一员，频繁地参加科普作家协会所组织的各项活动。在之后的几年里，他为了实现企业的现代化改造疲惫地奔走于广州、上海、北京、深圳等地。虽然事情进行得并不顺利，日子过得十分拮据，但我们每次见到他时，他依然是脸带笑容，信心满怀，坚信"柳暗花明"的时刻即将到来。即便再忙，每逢年节，高峰总忘不了给科普界的朋友打个电话，道个吉祥，有时还会给我们讲一讲他下一步的打算，让我们分享他创业的乐趣。

十分难得的是，在他事业处在低潮的时候，他依然想到科普。2006年，他的二次创业似乎见到了一丝曙光，他便主动找我们，说想要为科普做一点事。在他的促成下，这一年的秋天，我们便在白洋淀召开了一次"科普创作与出版座谈会"，参加的人十分踊跃，是我们历次同类会议中与会人数最多的一次。

高峰做事认真，但为人却很低调。在科普活动中，他常常坐在后排不显眼的地方，悄悄地为大家做些服务工作。他真诚支持我们开展科普活动，但从不张扬，不求回报。即便偶尔谈到他的产品，他也只是从科普角度上给大家作三言两语的介绍，或者是在会议用餐时让服务员给大家倒上一杯含钙饮料，笑着说："喝了对身体有好处"，仅此而已。

高峰走了。他是一个值得我们怀念的人。他的厚道、他的真诚、他对科普事业的执着，还有他那始终挂在脸上的笑容，都将永远留在我们的记忆之中。

《科普创作通讯》2013年第3期

眼　光

在我认识的电信业界朋友中，徐张奎算得上是刻在人们记忆中的一位名人。这不仅是由于他在20世纪七八十年代，曾在嘉兴电信这个"舞台"上，创造了诸多令业界刮目相看的全国第一，还由于他卓尔不群的人格魅力和传奇般的人生。

20世纪70年代，电信业还是模拟技术当家。是继续坚守模拟技术，还是走发展数字技术之路，依然是专家学者们争论不休的问题。就在这个时候，徐张奎已经看准了数字技术的前景，把改变农村通信落后面貌的希望寄托在它身上。那时，数字技术似乎还有几分神秘，只有少数几家大厂和科研单位在研制一种称为"脉码调制"（简称PCM）的设备。而嘉兴邮电这个县级电信部门硬是"挤"了进去，在极其简陋的设备条件下开始了12路PCM设备的研制。1973年5月，一条全程13.5千米的数字化电路在嘉兴地区首先开通。创造这个"全国第一"的项目负责人便是

1997年4月，出差路过嘉兴时，与徐张奎（左）相聚于南北湖

徐张奎同志。

电路的数字化不仅缓解了农村通信电路紧张，农民打电话难的状况，也排除了广播串音的干扰，使农村电话通信的质量得到很大的改善。这使徐张奎更坚定了走数字化之路的信心。

后来，徐张奎担任嘉兴电信局的局长。它还是把发展农村电信作为自己的重要使命，坚持"凡是对百姓有好处的事就努力去做"的原则。在他任内，曾不遗余力地推进本地区的数字程控交换机的建设，使农村电话从此告别"摇把"时代；他率先在农村电话线路上采用光纤，大大地扩充了电信网的承载能力；他排除各种阻力，在本地区组建了一个统一的本地网，使昔日的许多长途电话变成了市话，给百姓带来了实惠……

转眼，时间过去了20年，在徐张奎已经50多岁的时候得知欧洲国家正在开发数字移动通信的信息，便兴奋不已。他想，新的机遇来了，一定要争取让中国第一个数字移动通信网在嘉兴落户。

像嘉兴这样的地市级电信局，竟然要搞数字移动电话这样的大项目，在一些人看来，无异于"癞蛤蟆想吃天鹅肉"。持不支持态度者有，冷眼旁观者有，但徐张奎全然不顾这一切。为了建数字移动通信网，他跑上跑下，不辞劳

2010年11月，与徐张奎（右）一同漫步在浙江乌镇街头

苦，最终获得了邮电部的批准，并在嘉兴市地方政府的支持下落实了引进设备的外汇额度。1993年9月18日，嘉兴电信又创造了一个新的"全国第一"：我国第一个数字移动通信试验网在嘉兴落户。

移动通信试验网是建成了，但依然不被人看好。因为，当时的"手机"有砖头那样大小，不便携带；人称"大哥大"的手机，每部价格是1500美元，也令一般消费者望而却步。所有这些，都让人怀疑这个"新玩意儿"是否真有发展前途。但徐张奎却不慌不忙，胸有成竹。他并不陶醉于一部手机几万元的"以稀为贵"，而是把功夫用在这种新通信工具的推广和普及上，让事实证明它的成功。今天，当移动通信成为我们生活一部分的时候，我们又怎能不记起那具有独到眼光，最早把它带进我们生活里的人呢！

正当徐张奎为实现农村通信现代化的一个个目标而意犹未尽时，不知不觉便到了退休年龄。在60岁生日那天，他泰然在玻璃板底下压了一张"交班"的纸条，从此便悄然离开职场。徐张奎头上虽有全国劳模、全国人大代表等诸多光环，但他从不张扬，从来也不会主动和人提起。他认为，这只是对他过去做过的分内事的肯定；当有人谈及当年嘉兴电信诸多第一时，他也只淡淡地说："这些都是过去的事，现在看来算不了什么。"

徐张奎退休已经快20年了。在电信职工心中，他是个"不贪、不腐、干实事"的基层领导；在同行眼里，他是一位业界为数不多、自学成才的专家。虽然，他的一些超前思维曾经不为人所理解，他的一些做法也曾被视为"不听话"，但他皆不以为然。他心里只是想，凡有利于通信发展的事，能给老百姓带来好处的事，就应该毫不犹豫地去做。

或许有一天，你在嘉兴近郊，看到一位身材魁梧、面庞黑里透红的老人，心无旁骛、专注地在夕阳晚照下垂钓，那可能就是徐张奎。年届80的他，至今依然保持着淡定自若的良好心态。这种淡定，或许与他钓鱼的爱好有一定的关系，但又何尝不是他对人生的深刻领悟呢！

2013年10月

谁是"小灵通"之父

2003年9月，西子湖畔菊花争艳，丹桂飘香。浙江省首届科普节在市中心的武林广场拉开了帷幕。作为浙江省籍的科普作家，叶永烈和我应邀参加了这次盛会。

在科普节期间，全省各地组织了丰富多彩的活动。其中，留给我印象最深的便是一次面对500多位中小学生的对话："小灵通带你漫游未来通信世界"。

参加对话的嘉宾有作家叶永烈、余杭电信公司总经理徐福新、电信生产厂家UT—斯达康杭州分公司的一位经理，还有我。没有想到的是，主持人这个角色竟落在我这个笨嘴笨舌、不谙主持艺术的人的头上，而且怎么推也推辞不掉。因为，除了我以外，他们三个人都有与"小灵通"相关联的特殊身份，这个对话也可以说是为他们"量身定做"的。只有我与"小灵通"不沾边，因而

2003年9月，在浙江省首届科普节上，叶永烈（左1）和徐福新（左3）两位"小灵通之父"同时出现在"小灵通带你漫游未来通信世界"对话节目现场，受到小读者们的热烈欢迎

也只好由我来担负这个"串场"任务。

对话开始，我便抛出了一个"谁是'小灵通'"的问题。刹那间，台下便活跃了起来。有些小朋友举起了准备请叶永烈签名的《小灵通漫游未来》，意思是说："小灵通"在这里，他不就是叶永烈这本书里的主人公吗；也有一些人举起随身所带的俗称"小灵通"的手机喊着：这就是"小灵通"。

接着，我便以解开"小灵通是谁"这个谜题为切入点，把讲台交给了台上的三位嘉宾，请他们谈谈"小灵通"的身世，以及它与自身的关系。台下顿时静了下来，大家都聚精会神地等待着谜底的揭晓。

第一个与小读者对话的便是叶永烈。近年来，他在传记文学的写作上成绩斐然，而淡出科普、科幻领域。但人们总也忘不了他在《小灵通漫游未来》中所塑造的聪明、机智的"小灵通"的可爱形象。特别是2000年，他"重操旧业"，续写《小灵通漫游未来》，又一次在读者中引起了极大轰动。20年过去了，"小灵通"仍然有如此大的魅力，这是叶永烈所未曾想到的。他以精彩而简约的语言，向大家介绍了《小灵通漫游未来》的创作经过，风趣地说：现在我有两个儿子，一个是在电信企业做管理工作的叶舟，另一个便是"小

叶永烈和他创造的"小灵通"形象

灵通"。至此，台下的听众谁也不会怀疑"小灵通"便是叶永烈笔下那个"漫游未来世界"的小记者了。

那么，很多人手里拿着的小"手机"为什么也叫"小灵通"呢？站起来回答这个问题的便是电信生产厂家UT—斯达康杭州分公司的那位经理。他说，当年为了满足一部分用户在局部范围内进行移动通话的需要，UT—斯达康开发了一种叫"无线市话"的新产品。产品是造出来了，但叫什么名字好却一时定不下来。大家七嘴八舌，莫衷一是。这时，不知是哪一位灵机一动，提出了借叶先生塑造的"小灵通"之灵气的动议。一方面，这种产品小巧、玲珑，与叶先生作品中的"小灵通"形象颇有点"神似"；另一方面，作为文学作品中

的"小灵通"已名扬四海，知名度甚高，搭个顺风车，势必也有利于产品的推销。当即，他们便给叶永烈先生打了个电话。没有想到，叶先生竟毫不犹豫地便答应了。就这样，"小灵通"也便成了UT—斯达康所开发的"无线市话"的代称———一个响亮的品牌。

任何一件产品，要推向全国，都不是件轻而易举的事。坐在台上的另一位嘉宾徐福新，便是为"小灵通"手机推波助澜，使它红遍全国的始作俑者。徐福新是当时浙江余杭电信局的局长，小灵通便是从浙江余杭起步而后推向全国的。由此，人们也送了他一个"小灵通之父"的称号。

《（新版）小灵通漫游未来》的封面

三位嘉宾的一一亮相，使大家终于明白了"小灵通乃何许人也"。对于小灵通有两个"父亲"也就不奇怪了。三位嘉宾讲的一些不为人知的传奇故事，引发了台下小听众的浓厚兴趣。他们提出了许多有趣的问题，如问叶永烈得到专利费没有，什么时候再续写"小灵通三游未来世界"等等。作为主持人，我也时而穿插一些有关通信的知识与大家分享，以使"小灵通带你漫游未来通信世界"的对话落到"通信"这个点上。

围绕"谁是'小灵通'"而展开的对话，既是一次科普对话，也是一次人文对话。通过这次对话，我们不仅可以看到文学艺术对物质生产的影响和作用，也可以看到科普在确立产品形象、诠释产品功能、增强产品亲和力等方面的功效。"小灵通"从科幻作品中的艺术形象转换成风靡全国的通信产品品牌的过程，便是一个很有说服力的例证。

对话结束后，当我看到排着长队、手里捧着《小灵通漫游未来》，在等待叶永烈先生为他们签名的小读者时，真有一种莫名的欣慰。心想，只要我们能不断把好书奉献给读者，科普是不会寂寞的。

2003年12月

西湖边上的长椅（2010年摄）

西湖边的长椅

　　不知从什么时候开始，我走起路来有点步履沉重，再也找不到昔日"疾步如飞"的感觉了。走在街上，时不时地总想找个地方坐下来歇一歇。这时，我突然发现，在道路两旁竟然很少有可以歇脚的地方。累了，也只好扶着树干站立一下，待缓过劲来继续前行。进入老龄化社会的今天，有我这样感受的人怕已不再是少数。

　　北京，不仅街道两旁很难找到像样的歇脚地，即便有，多半也是被狗屎狗尿骚扰过的石条凳，公园里的椅凳也十分稀缺。前些天去"大观园"，发现那里除了亭阁回廊之外，供人歇歇的地方也不很多，而且大都是石墩子，不少人坐下去又站起来了，因为实在太凉，有点吃不消。

　　每当这时，我便想起了杭州。在杭州，无论是漫步在西湖边还是徜徉在风光绮丽的公园里，随处都有长条椅子在那里迎候着。椅子多为木制、带有靠背，干干净净的，走累了就可以在那里歇歇脚，给人以一种十分温馨的感觉。这些椅子有的朝阳摆放着，也有若隐若现地散落在僻静的树荫底下的，老人、孩子或年轻的情侣，都可以找到自己喜欢的歇脚之处。

　　我喜欢西湖边上温馨的长椅，我更赞美那些为游人，特别是为老年人想得如此周到的人们。通常所说的"人性化"或"以人为本"，其实并不抽象，我对椅子的感受便是那么具体。"人性化"是可以透过许多细节演绎出来，并打动人心的。几张椅子增加不了多少投资，却给人带来了融融暖意。

《科学时报》2010年5月21日

夜　读

在文学作品中，不乏"挑灯夜读""红袖添香"一类的描写，煞是浪漫。回想起自己的夜读，大都便是孤灯一盏，书卷一册，清茶一杯。偶尔也曾遇到过月白风清、竹影横窗的良宵美景，添一份读书之雅兴。

不过，留给我印象最深的倒是在特殊年代里，那一段不寻常的夜读。事情还得从下放干校时说起。

坐落在长江之滨的湖北阳新"五七"干校。远处的半壁山是校部所在地，也是古战场"铁锁沉江"之处（1970年摄）

1969年，我所在的邮电出版社被宣布撤销了，全体人员"一锅端"来到湖北阳新干校。当时的口号是"走一辈子的'五七'道路"。既要"扎根"，就容不得三心二意。看专业书自然就被视为走"五七"道路不坚定的表现。当时我们连队有个学外语的，生怕日久荒废了本行，于是便隔三差五偷偷地躲在被窝里拿本书看上几眼。结果还是被发现了，当众挨了一顿批判。

一年后，作为安置干部的一种手段，邮电部决定在干校所在地建一个工厂，编号是536。我便是第一批被分配到536参加建厂的"五七战士"中的一个。建厂从开山炸石、搭建厂房开始，劳动强度比在干校时还要大。但其他"老九"们还挺羡慕我们的，因为，为了开发产品，我们可以名正言顺地读书了。

白天要劳动，读书也只能利用晚上的时间。536厂濒临长江，这里素有"小火炉"之称。即便是在月色如洗的夜晚，也盼不来一丝凉风。此外，还要对付成群结队的蚊子的袭击。要读书，只好钻进蚊帐。就这样，我的"夜读"便不得不在闷热的蚊帐里开始了。久违的书带给我许多新的知识，也让我感到快乐。虽然床上的席子常常被汗水浸透，甚至席子都变了颜色，但毕竟有了一层屏障，不用一面看书，一面还要驱打蚊子了。

正当我心满意足之时，夜读又遇到新的麻烦——停电。说确切一点，那是限电。因为工厂所在地的马鞍山地区，每年夏天常遇旱灾，电力特别紧张。为了保证农业用电，上面规定无论是单位还是住家，晚上一律不准开灯。就这样，我的夜读也不得不停了下来。

我有点不甘心，开始是用墨水瓶赶做了个小煤油灯，夜间凭借煤油灯的亮光看书。后来发现，这个办法难以持久，每次一两个小时下来，两只鼻孔变成了黑"烟囱"，而且呛得难以忍受。为此，我又不得不改弦易辙，寻求别的办法。有一天，我偶然从杂志上看到一篇制作"节能灯"的文章，便如获至宝。我立即跑到附近的小镇武穴买了个变压器和一只6伏的小电珠，按杂志上说的

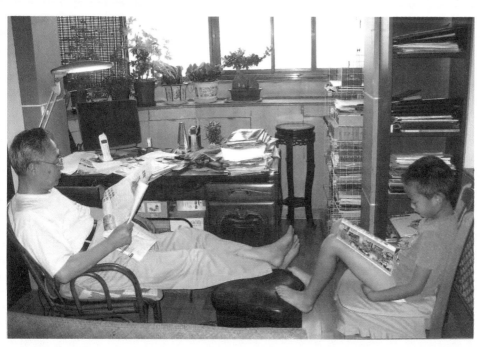

隔代人的夜读：不同的兴趣，一样的韵味

电路炮制起来。就这样，到了晚上，6伏小电珠的灯光便照亮了我帐中之一角，凭借着微弱的灯光我的夜读又重新"开张"了。可能是由于灯光过于微弱，也可能是由于管理者的宽容，我的"偷电"行为始终没有被取缔，真感幸运。

查证

没有想到，那年代的特殊夜读，竟然还让我多学了一门外语——日语。来干校前，我只有"五十音图"的模糊记忆。凭着这点基础，我找了一本《科技日语速成读本》便硬着头皮一页一页地往下学，读音不准那是肯定的，主要是学点文法，记些单词。一段时间后，竟然也能借助词典慢慢地阅读日语科技文章了。这是帐中夜读带给我的意外的收获。

结束干校锻炼后，我回到出版社重操旧业。这时，我的哑巴日语派上了用场。我"现学现卖"编译了《书写电话》；还与他人合译了国际著名电信专家北原安定先生的两部名著：《电信革命》和《ISN技术》。这已是后话，在此补写一笔，聊作那年代"帐中夜读"的续篇吧！

2014年2月

茶香沁心

平生不近烟酒，视茶为至爱。其中，尤以产自家乡的西湖龙井、安吉白茶、千岛银针等为最。

最早饮茶，是因为它能解渴、提神。记得在高考那年，常常通宵达旦备战，为消暑、提神，我开始喝茶。果真一杯杯浓茶下肚，便口舌生津，困倦顿消。后来，饮的茶多了，方知茶不仅可以喝，更需要"品"。对于茶之神韵、茶之文化也渐渐有了一些了解。

海岛茶场即景（2002年5月1日摄）

曾在杭州两度为官的苏东坡，留下了"欲把西湖比西子，淡妆浓抹总相宜"那脍炙人口的名句。他把西湖比作西施，使西湖的美与西施的美彼此映照，浑然一体。而今，人们都乐于把西湖称作"西子湖"，也便定格了这段以人拟景的佳话。

苏东坡也留下了不少与茶有关的诗句，其中便有"佳茗似佳人"的妙喻。这以茶拟人，也算得上是神来之妙笔。每当我撷取几片新绿放在玻璃杯中，然后注入水温适度的沸水时，便可见那一片片嫩叶婷婷袅袅，漫展身姿，缓缓浮沉。伴之而来的，便是那清纯淡雅的芳香。喻其为佳人，真十分贴切。

"欲把西湖比西子"，"从来佳茗似佳人"
（2014年春摄于杭州龙井茶室）

杭州云栖竹斋：品茶会友

有人提醒我，沏茶最好用玻璃杯，开始我有些不解。但自从仔细观察了茶之舞，便幡然领悟。原来，茶不仅是色香味俱佳，而且风姿绰约，优美动人。茶，不仅好喝，也是可品、可赏的。

我爱茶的那一缕清香，那令齿舌留芳、"三咽不忍漱"的韵味；更爱茶那卓尔不群、超凡脱俗的品格。它来自溪流涓涓、云雾缭绕的山间，吮吸了大自然之精华；待到春来，它便新芽初吐，香传十里，为湖光山色增添无限的诗情画意。她默默忍受那掐、压、烘、揉，以至于火烹水煎，无怨无悔地把一身春色奉献给人间。它虽香压群芳，却不事浮华。那淡定、那陶然，不知曾伴随多少人暂别市井的喧哗，觅得心中的一方宁静。

漫步在风景如画的西子湖畔，我常常看到一群群围桌而坐的老人，人手一杯清茶，谈笑风生。想来，这便是人们常说的"以茶会友"吧。在这里，茶和周围的景色相映成趣，真是其乐融融。身临其境，不由人发出"秀色可餐"的赞叹。

春天来了。我与老伴又将踏上回乡之路。召唤我们回去的，自然是那剪不断的乡情，挥不去的童年记忆，还有那飘拂在满目春色之中，沁人心脾的茶香。

2014年3月

新的一站

"一驿又一驿，驿骑如流星。"这是唐代诗人岑参一首诗中的两句。当初，我把它作为古邮驿的写照来读，觉得十分传神。后来，细嚼人生，又多了一种感受。仿佛它也是在写我们的人生的。人生可不也是"马不停蹄"地行走在飞快流逝的时间隧道之中，一站过了又一站的，最后到达人生的终点。

1998年，当我告别36年的笔墨生涯，从邮电出版社总编辑岗位上退下来时，便有这种人生到了一个新的站点的感觉。对于原来的那个单位、那里的同事、那桩自己曾经挥洒青春、倾注半生精力的事业，怀有一种难以割舍的情结。如果说"失落"，恐怕这也算是一种失落吧。

我从大学毕业到退休，只从事过一项工作——编辑，可以说是"从一而终"。人称编辑是为人做嫁衣的苦差事，但自从干上这一行，我对它便一往情深，在一次又一次改稿、编稿那平淡的劳动中，我摸索规律，也积累了一定的经验。眼看马上退休了，自己计划中的很多事不得不从此搁下，心里难免有一种苦涩和意犹未尽的感觉。

但我尽量要求自己面对现实，对退休作一种积极的思考，把它看成是人生旅途中新的一站，看成是事业在新的环境、新的时间段里的延续。14年来，我正是本着这样一种思路，尝试着在"颐养天年"的同时，也做点力所能及、对社会有益的事，在人生的一个新的起点上奏响新的生命乐章。

回顾14年的退休生活，概括地说是超脱而忙碌，平淡却又充实。

新的挑战

令我没有想到的是，退休后的第一时间我便与互联网邂逅。

1999年11月19日，国际电信联盟副秘书长赵厚麟（中）访问中国电信网站。左为网站元老于仁林

就在我正在办退休手续时，便收到了参加筹办中国电信网站的邀约。互联网对我来说是个全新的领域，能否胜任这项工作确实没有多大底数；但我意识到这是一次与新媒体接触的难得机会。考虑再三，我还是接受了这次挑战，参加了中国电信网站的筹建工作，并在网站总编的岗位一干就是8年。

网络在我眼前呈现了一个无比精彩的世界，为我提供了一个获取知识的新的渠道。我在那里边学边干，获益颇丰。

角色的转换

在当编辑的36年时间里，我虽一直把练笔当成是一项基本功看待，时不时地也写点"豆腐块"那样大小的文章发表。但我深知，"为人作嫁"才是自己的本职工作，必须摆正关系。为此，写作也只能是忙里偷闲，随兴而为。虽也有过一些写作计划，但都因为没有足够的业余时间而搁置一边。

退休之后，有了许多可以由自己支配的时间。如何"打发"这些时间呢？我首先想到的便是写作，想到重启那些在上班时没有时间完成的计划。

编辑与作家是不同的职业定位，但也有共同点，那就是他们都与文字结缘，因为彼此间有着天然的联系。当然，从改别人的稿子，到自己写稿，也不是轻而易举的"转身"。我把这种角色的转换也当成一次学习，乐此不疲。

十几年下来，在我的书柜里也渐渐有了一摞自己写作或主编的书了。譬如，在电信业界有一定影响的《现代电信百科》（已出了第2版）、获得2007年国家科技进步奖的《e时代N个为什么》、获全国优秀科普作品奖的《绘图新世纪少年工程师丛书》以及获评全国优秀科普图书的《爱问科学丛书》等，都

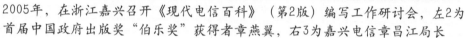

2005年，在浙江嘉兴召开《现代电信百科》（第2版）编写工作研讨会，左2为首届中国政府出版奖"伯乐奖"获得者章燕翼，右3为嘉兴电信章昌江局长

是这个时期我主编或参与写作的书籍。这里，我不仅享受到笔耕的乐趣，也迎来了自己科普创作的一个新的高潮。

2007年10月，中国科普作家协会授予我"在科普创作上有突出贡献的科普作家"荣誉证书。我把它视为退休后一项收获而倍加珍惜。

生命的接力

有人说，退休是一生事业的终结。我不大认同这样的观点。我认为，退休确实使一个人原来从事的事业不得不暂告一个段落，但这只是在生命"进行曲"中画上一个"休止符"，而非句号。文化的传承，生命的接力不受年龄的限制。

基于这样一种认识，退休后我便把自己的注意力转向科学文化的传播以及对年轻人的培养方面。我把弘扬科学精神，普及科学文化作为自己新的使命；把助推一批年轻人脱颖而出看作是自己事业的延伸。从网站建设到每一部科普作品的问世，我结识了一批又一批的年轻人。只要他们肯学，我都会毫无保留地把自己的经验告诉他们，并与他们共同实践。我从他们身上也感染到了一种青春的活力，使自己更加奋发。

看书品茗，回归自然（2014年秋于杭州郭庄）

　　退休以来，我还每年都应邀给全国科技策划编辑研讨班讲课，还应邀到一些出版社、杂志社进行交流。这不仅使我有机会对毕生的编辑实践进行一次系统的梳理，把它放在现实社会环境中作深入的思考；也为我提供了一个与年轻编辑交流的平台。我把这个过程也当作是一次学习来对待。

　　2009年，首都师范大学出版社出版了《书林守望丛书》，其中我所写的《我的科普情结》一书也忝列其中。在这本书里，我沿着"编辑"和"科普"两个脉络，总结了自己一生的实践，以及对人生、对事业的思考。其中，也包括我退休之后这个时间段落。我希望我的这本小书能为出版文化的薪火相传，为新一代编辑人才和科普人才的培养尽绵薄之力。

　　退休后的生活虽则充实，但也绝非"一路高歌"。随着年龄的增长，腿脚不那么利落了，还少不了有这病那病寻上门来。因此我也时时告诫自己，要遵循自然规律，凡事量力而行。现在，我每年都会回杭州老家小住，或策杖于林间小道，或在西子湖畔看书品茗。在茶香中追忆往事，在夕阳下观赏晚景。这，又是人生新的一站。

原载工业和信息化部离退休干部局编
《情暖夕阳》，2012年，电子工业出版社出版

科普随笔

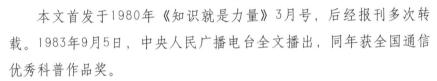

人类怎样通信

本文首发于1980年《知识就是力量》3月号，后经报刊多次转载。1983年9月5日，中央人民广播电台全文播出，同年获全国通信优秀科普作品奖。

文章说古论今，从古代的烽火通信说起，一直讲到近代的卫星通信和光通信，意在帮助读者了解人类通信发展的历史轨迹。由于受写作年代的局限，对于近30年通信发展，本文未能涉及，希望读者在重读这篇文章的时候，能融入自己的切身感受和体验，以弥补文中之不足。

我们到动物世界里去漫步，可以发现许多生动的事例。蜜蜂在翩翩起舞，它们用各种优美的舞蹈动作在告诉伙伴们，能酿好蜜的花在哪里。海豚在以人耳所不能听到的高频沟通着彼此的"思想"。大洋里的鲸鱼在唱着优美动听的歌儿，向远方漂荡……在这生机勃勃的自然界里，各种各样的信息正在传送。

人类在很早以前就有了表达感情、交流思想的工具——语言。人类的语言比之于动物的"语言"要复杂得多了。而且，随着人类社会的发展，人们的生活内容也是从低级到高级，从简单到复杂。为了适应社会发展的需要，人类用作通信的工具也经历着日新月异的变化。

古代的通信

在我国的古代历史上，流传着"幽王烽火戏诸侯""梁红玉击鼓战金山"等传说。可见，我国在很早很早以前，就已经用烽火来通报敌人入侵的消息，用击鼓来传送战斗中前进或后退的号令。在国外，也有类似的例子。

无论是熊熊的烽火，还是隆隆的战鼓，它们都只能传达一些比较简单的意念，而且能传送的距离也十分有限。因此在古代，一些比较复杂的情报都是由信使骑马传送的。据说，当时埃及的驿使，曾以每小时11千米的速度骑马传递尼罗河水上涨的情报，那是相当慢的。

烽火报警——一种古老的通信方式

到了18世纪，法国出现了一种托架式信号机，它们架设在容易看得见的山丘之巅。用好多这种信号机组成的"接力"系统，就像今天的微波通信线路上的一个个天线那样，把一个个文字信息从一个信号机传到另一个信号机，这样逐个传下去，就构成了各大城市之间的通信联络。这种通信方式，在欧洲电器通信出现之前，曾经起过很重要的作用。据说，1815年拿破仑从厄尔巴岛逃出的消息，就是通过这种托架式信号机系统很快地传到巴黎的。

虽然托架式信号机在延伸通信距离和及时传送较多信息方面向前迈进了一步，但它的能力仍然是十分有限的，特别是遇到天气不好（如下雾等）的情况，它就一筹莫展，无法发挥威力了。人类神话传说中关于"千里眼""顺风耳"之类的幻想，只有在把电应用到通信上来之后，才成为了可能。

电气通信的发展

1753年，在《苏格兰杂志》上发表

托架式信号机——18世纪风行欧洲的一种视觉接力通信方式

了一篇作者不明的论文，题为《采用静电的电信机》。这是关于电气通信的最早建议。可是，电气通信的实用化，却是19世纪的事情。

1845年莫尔斯电报开始进入实用阶段。那是最早的电气通信。它是用断续的直流电流来传送信号的，只能传送字母等有限的符号。1875年前后，有人提出电传语言的设想。1876年，发明了电话。在电话机中，通过送话器把人讲话的声音信号转变成为频率变化着的交流电流，它通过电话线路传送到对方之后，由受话器把交流电信号还原成为声音信号。从此，便有了这种用交流电流传送信息的手段。

在无线通信方面，开始也是借电波的断续来传送电报的。到了20世纪初，由于真空三极管的发明，可以通过一种叫做"调制"的过程让电波来载带声音信号。用同样的方法，还可以把信号载带在较高频率的交流电流上在电缆中传送，这就是近代的有线载波通信。它已成为国内外长途通信的一支主力。

由于电子管等的发明和发展，以及逐渐采取高频电流来运载信号，使得在通信线路上可被利用的频段展宽了。这个频段像一条新开拓的宽阔马路：既可以"运载"需要占用很宽频带的电视图像信号，又可以同时传送很多路电话。例如，目前国际上容量最大的同轴电缆载波系统，一对同轴电缆线路可以供10800对用户同时通电话。现在，通信频段正在向着波长更短的光波伸展，人类使用光来进行通信的时代即将到来。

一百多年来，通信技术以人们预想不到的速度向前发展。今天，人类社会生活的内容更加丰富，更加现代化，每时每刻都有大量的信息需要传送和处理。因此，有人把我们这个时代称为"信息时代"。为了适应这个时代的需要，通信技术正在快马加鞭，飞速发展。这里举出一些方面，作为说明。

电话通信

电话发明至今，仅有一百年的历史，但它的发展速度是惊人的。今天在世界上各种电话机的总数已超过4亿部。它已经渗透到人类生活的每一个领域，成为人类通信的一个重要工具。

早期的电话，只是把通话的双方用一根导线连接起来，因此无论在通信的范围和通信的距离上都是很有限的。而现在，人们拿起话筒，几乎就能够与世界上任何一个地区的人通话。我们的声音可以通过敷设在海底的电缆传到大洋的彼岸，也可以通过卫星的接力往返于太空而传到世界上任何一块陆地或岛

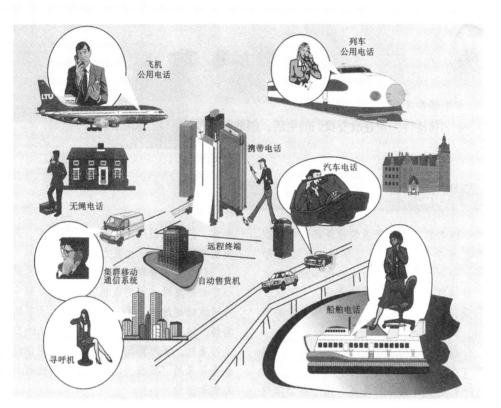

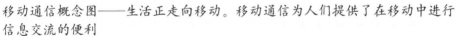

移动通信概念图——生活正走向移动。移动通信为人们提供了在移动中进行
信息交流的便利

屿。随着电子技术的发展，在电话通信中相继引入了电子管放大器、晶体管放
大器等器件，从而使进行远距离电话通信的双方如同在一个房间里谈话一样，
声音清晰，响度适中。

今天世界上的电话网不但把星罗棋布的固定用户连接起来，而且人们还可
以通过电波与移动的船只、飞机、车辆等进行通信，移动物体互相之间也可以
通信联系。在日本，近海航行的船舶、疾驶于新干线上的列车以及出租汽车上
都已经装用了这种移动电话。这种移动通信方式的出现不但使电话通信网得以
扩展，而且在被水灾、地震破坏了通信线路的情况下，可以很快地建立应急通
信系统，因而具有灵活、方便的特点。

电话通信面貌的变化是与交换技术的发展密不可分的。人们从拿起电话
到与对方接通电话，直至通话结束，都离不开交换机。最早的交换机约出现在
1881年，那时，靠人工用插拔塞绳的办法接通两个电话用户。到了1889年，也

就是电话发明的十年之后，美国发明了自动电话交换机。从此之后，人们打电话只需拨几位电话号码，交换局的机器就会按照你的意愿找到对方，并把你的电话机与对方的电话机接通。今天，在通信比较发达的国家里，电话网上的任何一个用户都可以通过拨号或揿按钮与国内任何地点的亲友立即通话，甚至可以越过国界，与其他国家的居民通话。这就是所谓的长途自动电话。它也是交换技术发展的产物。在我国，位于京—沪—杭干线上的北京、天津、南京、上海等城市现在也都开通了长途自动电话业务。在这些地方的用户，彼此打电话就像打市内电话一样方便，只不过多拨几位号码而已。

目前电话交换技术已经进入电子交换机的时代。这是建立在集成电路等半导体技术以及程序控制技术发展的基础之上的，它不但使交换机的体积大为缩小，更重要的是赋予电话通信许多新的功能。

卫星通信

现在，人们已经可以坐在家里，从电视屏幕上观看正在地球另一侧某地进行着的重大活动和体育比赛。这

卫星通信——一种以通信卫星为中继站的现代远距离通信方式

里采用的是卫星转播或卫星录像转播技术，通信卫星就是它的转播站。卫星不但可以作为电视的转播站，也可以作为传送电话、电报等其他信息的"接力"站。只要在太平洋、大西洋和印度洋上空各发射一颗沿赤道运行、高度为36000千米的通信卫星，就可以实现全球的电视转播和建立一个覆盖全球的通信网。卫星通信对于幅员辽阔或岛屿散置的国家更有其突出的意义，因为它避免了架设地面通信线路所可能遇到的各种困难，同时还可以缩减投资。正因为如此，只有十几年历史的卫星通信，先后更替五代，其发展之迅速远远超过了人们当时的预料。今天，三大洋上空的通信卫星承担了80%以上的国际通信业务和全部国际电视转播业务。加拿大、美国、俄罗斯等许多国家，都把通信卫

星作为国内通信的重要工具而纳入国内通信网。

此外，气象卫星、资源勘探卫星以及观测卫星的发展，也都有赖于通信技术的进步。因为，从遥远的宇宙空间把应用遥感技术所获得的数据传到地面上来，没有现代化通信技术是不能实现的。可以预料，人造卫星与电信技术的结合，必将继续产生巨大的效果。

图像通信

"百闻不如一见"，这是我国的一句俗话。这句话包含着深刻的科学哲理。有人曾经做过统计：人类通过视觉所能得到的各种信息三倍于通过听觉所能得到的信息。因而多年来，人们在图像、文字等可视信息的发送、传输和接收技术的探索上作出了很大的努力，并已取得了进展。

早在20世纪20年代，一种能传送静止画面的传真通信技术开始使用。到现在，国外装在用户家中的或办公桌上的传真电报机，已经比较普遍。它可以把照片、图表以及亲笔信件照原样传送到对方；传到对方后还可以用永久记录的方式保存下来。新闻传真机能把整版报纸上的信息在很短时间内传送到遥远的边疆，从而大大加快了报纸的发行速度。

20世纪30年代初期，高速电子扫描显像管问世了，使得传送活动图像成为可能。这就是电视。把一幅画面分割成许多光点，把反映画面各个光点亮度的信号从左到右、从上到下一行一行地依次传送出去；在接收端相应地也从左上方开始依次接收并再现图像，这就是所谓的扫描方式。目前电视上所采用的就是这种方式。

近年来，由于电视技术和电话技术的结合，出现了电视电话这种新的通信方式。它使得人们在通过电话交谈的同时，还能在电视屏幕上见到对方的面容，或者互相展示一些难以用语言描述的图表和实物，因而具有闻声见影的效果。如果在电视电话上要传送活动的图像，那就跟电视机一样，每秒钟传送出去的图像需达25幅之多，需要占用很宽的频带（如4兆赫），传送费用较高。目前还有一种用普通电话电路来传送图像的电视电话，每隔30秒钟送出一幅画面，占用频带只有电视广播的千分之一，因而是十分经济的。

电话与传真技术的结合，出现了一种叫做"书写电话"的通信工具。它使得通话的双方在进行对话的同时，可以把用语言难以表达的内容写成文字或画成图形传送给对方。发送端用书写笔写（或画）的同时，就启动对方的记录笔，把传送过来的信息原原本本地记录下来。这种书写电话通信也只需占用一个电话电路。

图像通信方式由于含有丰富的信息量和具有即时性，因而越来越为人们所注目。采用这种方式，还可以召开电视会议。参加会议的人尽管分散在山南海北，但足不出户便可晤面，如同坐在一个会议室里一样。利用图像通信还可以实现仓库无人管理、水库水位无人监视以及组织医疗会诊和教育训练等。

由于图像通信一般要占用很宽的频带，近年来已经引进了频带压缩技术，并逐渐向着数字化的方向发展。

展望前景

目前，一种用激光来传送信息的光通信方式已经崭露头角。它可以在一根比头发丝还要细的玻璃纤维中，同时传送上百万路电话或上千路电视。因此，可以预见，在不久的将来，光通信将成为远距离、大容量通信的"主角"。光通信的应用，将为长途自动电话、图像通信提供廉价的电路，为通信领域的技术发展开拓新的局面。

航行在星空的宇航员可以通过激光来进行通信联络；到那时候，人们获得新闻资料的方式也将会发生根本性的变化。人们可以通过光通信电路把自己的电视机、电话机与计算机中心连接起来，这样便可在电视屏幕上，根据自己的需要阅读当天的报纸，阅读书刊以至于点播电影。今后商业上产品的推销和订购，也将借助于屏幕对屏幕的通信。

通信与计算机的结合是近代通信发展的必然趋势。由于计算机和通信的结合，一些储存在计算中心里的资料、数据等人类的财富，可以通过数据通信系统为更多的人所利用，这就是所谓的"资源共享"了。现在计算机已经深入通信的各个领域，甚至在一些电话机中也装上了微处理机，从而扩大了电话机的功能。由于电气通信领域也在向信息化方向迈进，因此计算机通信与传统电气通信之间的界限将逐渐消失，以至于在不久的将来，可能会成为一个统一的数字业务网。

近年来，中微子通信、宇宙通信等也都有了发展。可以说，通信技术正处在一个巨大的变革时期，展现在我们面前的是一幅更为波澜壮阔的图景。

《知识就是力量》1980年第3期

传书佳话

　　神话与传说，是人类想象力的自由驰骋，也是人们对美好未来的深情寄托。耳熟能详的"青鸟传信""鱼雁传书"等神话传说，无不是古代人们渴望信息沟通的情感流露。

刻在龟壳上的文字

　　中国的文字，大约起源于公元前2000年。有了文字后，人与人之间又多了一种传情达意的工具。最初，文字被刻在龟壳、竹简上，或书写在织物、纸片上，借此可以将信息传送到很远的地方去。

　　可是，在交通不发达的古代，由于山重水隔，要将信息进行远距离传送可不是一种容易的事。于是，人们只好把美好的愿望寄托在令人陶醉的神话、传说之中。

　　神话和传说，既是人类想象力的自由驰骋，也是对未来通信无限美好的憧憬。

青鸟传信

　　唐代诗人李商隐有一首很有名的《无题》诗：

> 相见时难别亦难，东风无力百花残。
> 春蚕到死丝方尽，蜡炬成灰泪始干。
> 晓镜但愁云鬓改，夜吟应觉月光寒。
> 蓬山此去无多路，青鸟殷勤为探看。

　　这是一首写恋人离别后相思之情的诗作，哀婉动人。诗的最后两句，借

用了"青鸟传信"这一典故，意思是说："从这里到她住的蓬山（东海里的仙山）不算太远，青鸟啊，烦你殷勤一点，时时为我们传递两地的消息吧！"

"青鸟传信"的故事出自《山海经》，说的是西王母住在昆仑山附近的玉山，她养了3只青鸟，为她觅取食物和传递信息。有一年的七月七日，汉武帝偕群臣举行斋戒仪式，忽见一只美丽的青鸟从西方飞来，他非

传说中的"青鸟传书"

常惊奇，便问大臣东方朔："这鸟从哪里飞来？"东方朔回答说："西王母要来了，这鸟是来报信的。"过了一会儿，东方朔的话果然得到应验，西王母在两只青鸟的左右扶持下来到了殿前。

从此，"青鸟传信"便成了一个典故流传下来。

鱼雁传书

古代，信函有"鱼函""鲤封"等雅称，书信也被叫做"鱼书"，这些都与"鲤鱼传书"的传说有关。

"鱼雁传书"的典故反映了古代人们对信息沟通的渴望

相传周朝时，有个著名的教育家、军事家叫姜尚，字子牙。传说姜子牙在70岁那年，垂钓于渭水之滨。一天，他钓得一条鲤鱼，剖开鱼腹发现内藏一封书信，大意是说他将受封于齐地。后来他果真成了齐国的第一位国君，齐文化的奠基人。

鲤鱼传书的典故，后来被演绎成许多文学作品，成了诗人墨客吟诵的对象。

唐代诗人王昌龄的"手携双鲤鱼，目送千里雁"，表达了对书信传递的热切期待；宋代晏殊的"鱼书欲寄何由

达，水远山长处处同"，更说出了人们对于受时空阻隔，书信往来不便的惆怅和无奈。

鸿雁传书

"鸿雁传书"的传说出于《汉书·苏武传》。说的是公元前99年，苏武奉汉武帝之命出使匈奴，被匈奴首领扣留。在多次劝降遭拒后，匈奴便把苏武流放到北海（今贝加尔湖）牧羊。在那冰天雪地、饥寒交迫的恶劣环境中，苏武仍手持汉朝的使臣节杖，坚贞不屈。直到汉昭帝即位后，汉匈关系有所改善，匈奴才应汉朝的要求，放回苏武等9人。这时，苏武已在匈奴度过19年艰难受辱的岁月。他少壮受命出使，皓首归来，用他一生中的黄金时代谱写了一曲高昂的民族正气歌。

在苏武归汉的过程中，有过这样的传说：当时匈奴不想释放苏武，便向汉朝使者谎称苏武早已去世。这时，与苏武一起出使匈奴的常惠，暗中把苏武还活在世上的实况密告汉使，并献上一计。后来，当汉使再一次见到匈奴首领单于时称：我国天子在狩猎时射中一只北方飞来的大雁，雁足上系着一封苏武给朝廷的信，说他正在北海岸边牧羊。单于听后非常吃惊，在谎言被揭穿后，他们不得不把苏武给放了。

"雁足系书"，虽然是编造出来的神话，但它却寄托着古时人们隔山隔水、渴望情感沟通的无限美好的愿望。"若无鸿雁飞，生离即死别"（宋代罗与之诗句），"寄信无秋雁，思归望斗杓"（北宋欧阳修诗句）等，也正是这种情感的极好抒发。

"雁"是一种候鸟，年年南来北往，正是人们心目中传递书信的理想使者。杜牧有诗云："劝君莫射南来雁，恐有家书寄远人。"这是一种多么深情的表露啊！以至于直到今天，我们还把为大家送信的邮递员比作"鸿雁"。

鸿雁传书已是千古佳话，而它那富有诗情画意的寓意却历久不衰，融入了当代的许多文学、艺术作品之中，引发了人们无限的遐想。鸿雁还曾经一度成为我国邮政的一个重要标志。

柳毅传书

《柳毅传书》是一则美丽动人的神话故事，最早见之于唐朝李朝威所著的《柳毅传》。元代，尚仲贤又把它改编成杂剧，流传甚广。直到今天，越剧《柳毅传书》依然是深受人们喜爱的保留剧目之一。

《柳毅传书》讲的是唐朝仪凤年间，书生柳毅在长安赴考落第后，在回南方途经泾河北岸时，见一位少女在河边牧羊，愁容满面，痛泣南望。柳毅问其情由，方知她是洞庭龙君之女三娘，因受丈夫泾阳君辱虐，被赶出宫廷到荒郊牧羊，过着风餐露宿的生活。柳毅闻言，义愤填膺。他不顾路途遥远，决意转道岳阳为龙女传递家书。

柳毅来到碧波万顷的洞庭湖边，按龙女的嘱咐，寻到一口枯井，用龙女的金钗在井旁橘树上连击了三下。此举惊动了巡海夜叉，在他的引领下柳毅进入了无珍不有的洞庭龙宫。龙王夫妻在读罢由柳毅捎来的女儿书信后，不禁老泪横流；正在无计可施时，被龙王小弟钱塘君得知，他怒不可遏，挣脱锁链，化作赤龙，直奔泾河，在打败残暴的泾阳君后接回龙女。龙女得救后，深慕柳毅为人，愿以身相许。可是，正直善良的柳毅，却循"君子喻义不喻利"之古训，再三婉言谢绝。后来，经一波三折，三娘化身渔家女三姑来到人间，终于遂愿与柳毅结成了美满夫妻。

至今，在岳阳市的君山公园和太湖洞庭山的席家花园附近，都有一口"柳毅井"，传说这便是当年柳毅通往龙宫的入口。

《柳毅传书》的故事究竟是发生在洞庭湖，还是太湖，后人各执一词，难辨真假。不管怎么说，它毕竟是一个神话传说。

神话传说中的青鸟、鲤鱼、鸿雁，它们虽也有我们常见的这类动物的外表，使我们感到亲切，但它们却具有凡间同类所没有的超凡本领。它们不但知人性、通人情，还不畏山高水长，穿越时空，为人们完成千里传书这样复杂而又艰巨的任务。这种超凡的本领是人所赋予的，是古代人们理想愿望的化身。

《柳毅传书》中的柳毅，据史料记载确有其人，他字道远，吴邑（今苏州）人。但在神话故事里，他已介于仙凡之间。他亲历了一段一般人所无法经历的事。人们借他潜入龙宫传书这种事，演绎出了一个仙凡结缘、有情人终成眷属的感人故事，还让到海底传递信息这件古时不可思议的事情成为想象中的现实。

神话传说，它承载着人类一个个色彩斑斓的憧憬与幻想；它是人类想象力的驰骋，是现代科学技术的先导。试看今日，飞机、火车等现代交通工具以及

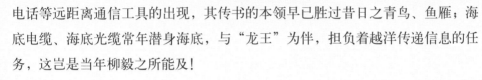

1996年中国邮政为"第9届亚洲国际集邮展览"发行的，以鸿雁为题材、以长城为背景的邮资明信片

电话等远距离通信工具的出现，其传书的本领早已胜过昔日之青鸟、鱼雁；海底电缆、海底光缆常年潜身海底，与"龙王"为伴，担负着越洋传递信息的任务，这岂是当年柳毅之所能及！

烽火台的诉说

当奥运会的火炬在世界各地一次次燃起的时候，不知你可曾想过，一千多年前，人类的文明之火已经在中华大地上熊熊燃起，它延绵万里，传承千载。烽火台便是它的历史见证。

自从有了人类，也便有了信息传递的需要。人类为了生存下去，就需要共同抵御洪水、野兽这类天敌，这时就少不了彼此沟通和协作。在远古时期，由

万里长城上的烽火台，是古代以火光传递军情的历史见证

于还没有文字，人们之间的信息交流主要是靠声音和肢体语言，后来又出现了在绳子上打结（称为结绳记事）或在木头上刻道等记事方式。在我国的殷商时期，出现了"击鼓传声"的通信方式；在西周时期，开始兴建烽火台，兴起了用火光和烟雾传递信息的办法。这种用烽火报警的通信方式一直延续了多个朝代，直至清末才逐渐消失。

今天，人们在游览雄伟壮观的万里长城时，依然可以看到那随着山势的起伏，在一些制高点上修建的形似碉堡的方形建筑，那就是烽火台。它是古代用火光和烟雾传递信息的历史遗存。

科普随笔

"幽王烽火戏诸侯"

说到长城，人们很容易把它与秦始皇的名字联系在一起。其实，在秦始皇之前很久，长城便开始修筑了。而且，烽火台也不是长城所独有的景物。

在我国，烽火台的出现可以追溯到西周时期（约公元前11世纪—前771年）。据史料记载，在周朝时，中央与各诸侯国都在边疆或通达边疆的道路上每隔一定距

传说中的"幽王烽火戏诸侯"

离就修筑一座烽火台。烽火台上堆满了柴草，一旦发现有外族入侵，便点燃柴草以烽火报警。各路诸侯见到后，就会派兵前来接应，同御外敌。

说到烽火台，很多人都会想起《东周列国志》中一个很有名的故事——"幽王烽火戏诸侯"。故事说的是荒淫无度的周幽王自从得到褒姒之后，便居于琼台。褒姒虽然美丽非凡，又有专席之宠，但却难得开颜一笑。幽王为让褒姒开心真是想尽了办法。他曾招乐工鸣钟击鼓、品竹弹丝，还让宫女载歌载舞，但褒姒仍不为所动。在得知褒姒爱听丝织品撕裂的声音后，幽王便命裂帛千匹，可美人依然无动于衷。幽王无奈，便下令："宫内宫外之人，凡能致褒

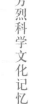

姒一笑者，赏赐千金。"这时，有个叫虢石父的近臣献计说：当年先王为了防备西戎入侵，在骊山之巅建有烽火台20余处，还购置了大鼓数十台，每当有贼寇侵犯时，烽火台便点火示警，火光、烟雾直冲霄汉，甚为壮观。附近诸侯见此情景，无不发兵相救；继而又闻鼓声阵阵，便催赶前来。这些年来，天下太平，已多年不见烽火点燃，如果君王偕王妃并驾同游骊山，夜举烽火，这时诸侯援兵必至，至而无寇，王妃必笑无疑。

昏庸的幽王居然听从了虢石父的馊主意，择日与褒姒并驾游览骊山，并设晚宴于骊宫。席间，他不听良臣郑伯的劝谏，无端大举烽火，擂起战鼓。各路诸侯闻讯，疑是镐京有变，一个个领兵点将，赶赴骊山。可是，兵至骊山脚下，却闻楼阁鼓乐齐鸣，一片歌舞升平的景象，不见外敌的一兵一卒。诸侯们面面相觑，知是上当受骗，便气愤地卷旗而回。

在楼台上的褒姒，见诸侯忙来忙回，酷似热锅上的蚂蚁，乱成一团，不觉抚掌大笑。幽王见褒姒终于笑了，便心满意足，遂以千金赏赐虢石父。这就是"千金买笑"这个典故的出处。

就在幽王为终于博得爱妃一笑而暗自高兴之时，一场国家的灾难正悄然来临。事隔不久，西戎真的入侵了，毫无防备的周幽王赶紧命手下的人点燃烽火求援。诸侯们因为上过幽王的当，以为这又是故伎重演，因而个个按兵不动。结果都城被攻陷，周幽王和虢石父均命丧刀下。褒姒也在劫难逃，在被掳后以自尽结束生命。西周至此曲终人散，走向了灭亡。

有一首诗讽喻这段历史，诗曰：

> 良宵骊宫奏管簧，无端烽火烛穹苍。
> 可怜列国奔驰苦，且博褒姒笑一场。

"烽火高飞百尺台"

西周的灭亡并不意味着以烽火通报军情的历史就此终结。相反，到了汉代，烽火台的建设规模更大了。用土木筑成的被称为"烽燧"的烽火台，在边陲重镇和交通要道上随处可见。今天，在我国新疆库车县境内，还留存着一座克孜尔尕哈烽燧，其气势之雄伟可使我们约略窥见当时烽火通信之盛。

举"烽燧"报警，是中国古代传递军情的一种方法。白天发现有外敌入侵时，就在烽燧上燃起柴草或狼粪，其烟直上不散，远远地就能被人看见，人们

位于古丝绸之路北道、新疆库车县境内的克孜尔尕哈烽燧遗迹

称之为"狼烟"或"烽烟"；夜间则点燃柴草，以火光报警。点燃的烽火还可包含一些简单的信息，如规定入侵者在500人以下时，放一道烽火；入侵者在500人以上时，放两道烽火，等等。最近看到一篇文章，对"狼烟"乃狼粪燃烧之烟的说法提出质疑，说这只是古代汉人对少数民族入侵时点燃烽火的一种特称，其燃烧之物也不过是芦苇、红柳、杂草之类。孰是孰非，还有待历史学家的进一步考证。

烽火传递信息的速度很快。汉武帝时，大将卫青和霍去病率大军出征匈奴时，就以举放烽火作为进军信号。据记载，仅一天时间，烽火信号便可以从当时的河西（今甘肃省）传到辽东（今辽宁省），途经千余里。

唐代诗人李益的"烽火高飞百尺台，黄昏遥自碛南来"，便是他对当时古战场的一幕真实写照。

烽火通信一直沿用至清朝末年。山东的烟台，便是因明朝时在那儿设置有狼烟烽火台而得名的。后来，随着电报、电话等现代通信方式的出现，古老的烽火通信终于销声匿迹，退出了历史舞台。

烽火台的启示

虽然，早在远古时期，人类便已经懂得用火光来传递信息，但大规模、有组织的光通信却是从烽火通信开始的。烽火，不仅见证了古战场的刀光剑影，也给人类未来的通信以智慧的启迪。

首先，人们发现光传送信息的速度非常之快，它远远超过了声音的传递速度。近代发展起来激光通信，虽然不能与烽火时代的光通信同日而语，但在以光作为信息传送媒体这一点上却是一脉相承的。

第二，烽火通信是一种典型的接力通信。信息通过一个紧挨一个的烽火台的接力传送，可以直达千里之外。近代的许多远距离通信系统，也都沿袭了这一思路。例如，在长途载波电话通信系统中，为了补充信号在传输过程中的能量损耗，沿途每隔一定距离便设置一个"增音站"，让信号"加足油"后再往前走。这样便可延长通信的距离。又如地面微波通信系统，由于微波只能直线传播，而地球表面有一定弧度，为了用微波实现远距离通信，人们也想到了"接力"方式。在微波系统中，这一个个类似于烽火台的接力站便叫做微波中继站。为此，微波通信也被称作为微波中继通信或微波接力通信。

第三，烽火通信在实际应用中也暴露出了它致命的弱点，那就是它在通过大气传播信息时，受雨雾等自然条件的影响较大。这就极大地制约了它的发展。现代发展起来的光纤通信就规避了这一缺点，它让信息的传输在密封的物理通道中进行，不仅不受外界自然条件的影响，也可与电磁干扰"绝缘"。

1994年深大电话终端服务公司发行的以"烽火通信"为题材的磁卡

《天涯咫尺》2013年3月

驿路开花处处新

"传邮万里，国脉所系"。驿路迢迢，曾维系着古代几多战事、政事；驿骑绝尘，曾牵动了多少人的离愁别绪！

在人类发明以电传送信息之前，马曾经是最快的通信工具。史书记载，2000多年前的波斯帝国曾修筑驿道，由骑兵传递军情；古罗马帝国还在干道上广修驿站，供驿骑休息；在埃及，古时曾派出驿使来通报尼罗河水上涨的消息；南美印加帝国在12世纪时也曾抽调一批身强力壮的人，骑马穿越安第斯山脉接力传送信息……

纪念邮票上的"驿使图"（取材于嘉峪关魏晋时期的墓室壁画）

在我国，邮驿通信从有确凿文字记载的商朝算起，至今也有3000多年的历史了。邮驿是古代官府为传递文书、接待使客、转运物资而设立的通信和交通机构。它有三大特点：一是官办、官用、官管；二是以通信为主体，融通信、交通、馆舍于一体；三是采用人力或人力与物力（车、船、牲畜）相结合的接力传递方式。历代王朝都很看重邮驿，称它为"国脉"。

春秋时期，孔子曾说过："德之流行，速于置邮而传命。"意思是说，他提倡的道德学说，其传播速度之快要胜过邮驿传送命令。这从侧面印证了，当年邮驿传送信息的速度还是相当快的。

中国古时的许多政事和战事，都无不与邮驿有关。在一些史学家记载的历史故事和文人墨客的诗词、歌赋中，都留有其历史痕迹，生动地展现了在那漫长岁月里"一驿过一驿，驿骑如流星"的壮观情景。

飞骑救国

这是《左传》里的一个故事。

春秋战国时期，秦国和晋国图谋联合进攻郑国。当时的郑国是在今河南一带的一个小国，处于秦、晋两个大国势力的威胁之下，常有朝不保夕的担忧。为了防范强敌入侵，郑国便派使者到秦国游说，说服秦国："秦、郑之间隔着一个晋国，若郑国亡，只有利于晋，而不利于秦。不如秦、郑结盟，共同对付别的国家。"秦国认为有理，于是便取消了进攻郑国的计划，并派杞子、逢孙、杨孙三人驻守郑国。郑国为了示好，也慨然将郑国国都北门的钥匙交给三个使者管理。不料，当杞子等人掌控郑国北门后，便派人密告秦国，请求急速派兵偷袭郑国。

很快，秦国便派出军队向郑国进发。当军队走到滑国（今河南洛阳东面）时，便被郑国商人弦高发觉。弦高意识到自己的国家危在旦夕，便一面假装成郑国特使，用他贩运的12头牛去犒劳秦兵；一面急忙利用通往郑国的邮驿，星夜给国内报信。郑国得到消息后，立即调兵遣将，严密戒备。秦兵发现郑国已经作好应战准备，只得打消了原来一举灭郑的计划，停止前进，顺便灭掉滑国而回。邮驿在当时所起的作用从这个故事中可见一斑。

飞雪送军书

唐代有官办驿站。1639年，驿站已遍设于交通线上。一般是30里一站，既办通信，又为驿夫和旅客提供食宿；共有驿夫18000多名，专事传送公文和军情。

在唐代诗人以战争为题材的边塞诗中，王维的《陇西行》中所写到的邮驿颇为传神：

> 十里走一马，五里一扬鞭。
> 都护军书至，匈奴围酒泉。
> 关山正飞雪，烽火断无烟。

这短短的30个字，把为传送紧急军情，驿骑在飞雪中急驰的情景写得真真切切。你看，在通往陇西边寨的大道上，覆盖着一片白茫茫的冰雪。只见一扬鞭就是五里道，一口气就跑十里的驿使疾驰而来。原来，边境都护府的都护大人发来了军书，告知北方的匈奴围攻酒泉的消息。此时正值严冬，关山飞雪，连烽火台

湖北省当阳古驿亭外景

都点燃不起告警的烽烟，而军情火急，唯靠驿夫加紧催马传送军书。

这首被苏东坡赞之为"诗中有画，画中有诗"的传世佳作，带给我们的不只是艺术的享受，也使我们透过诗作，领略到唐代以邮驿通报军情的生动场面。当时通信之艰难，也在不言之中。

敦煌遗书

敦煌是古代丝绸之路上的重要驿站。在繁荣的汉唐时期，那里"五里一亭，十里一障"，有序地排列在丝路沿线。驿道上传送着各种公文、书信。其中，还有角上插有羽毛的信，就好比是今日之"加急"，驿骑们必须快马加鞭，急速传递。

1992年在敦煌发现的悬泉置便是一个著名的古代驿站。在那里存有数万片简牍，其中大部分都是在传递过程中的书信。20世纪初，敦煌莫高窟藏经洞被发现。在那价值连城的敦煌遗书中，书信占有一定比例，它涉及当时敦煌社会的各个层面。当年邮驿之盛、丝绸之路之繁华，在这些被尘封的信牍中也得到了充分的反映。

迢迢驿路见证了一个个朝代的兴衰，以及因战乱而给国家和黎民造成的灾难。在敦煌遗书中，有一封《为肃州刺史刘臣壁答南蕃书》，便是安史之乱后，在吐蕃大兵压境的情况下，从敦煌向肃州（今酒泉）所发出的一封求援信。可是由于战乱致驿道受阻，这封信终未到达目的地，而在敦煌藏经洞中沉

睡了千年。

金陵信使

南北朝时，庾信有一首《寄王琳》的诗写道："玉关道路远，金陵信使疏。独下千行泪，开君万里书。"意思是（作者）身居异国长安，犹同远在玉门关一般；由于金陵（梁国都，今南京）来的使者是那么的稀少，当我打开你（王琳）从万里之外寄来的信的时候，不禁泪流满面。

在古代，固然修有驿道，但大都是为官府服务的，民间的书信往来依然十分艰难。《寄王琳》所反映的便是这样一种情景。唐代杜甫也有"黔阳信使应稀少，莫怪频频劝酒杯"的诗句，抒发的也是对民间通信不畅的感慨。

"信使"一词后来被用作传递信件的人的代称。联合国教科文组织有一本杂志，取名《信使》，想必也是希望这本杂志像古代信使一样，能在各国人民之间架起文化和友谊的桥梁。

驿路多悲歌

在描述邮驿的文字里，我们既有如"羽檄从北来，厉马登高堤"（三国·曹植《白马篇》）等有关邮驿通报军情的描写；也有"世乱音书到何日，关河一望不胜悲"（宋·严羽《临川逢郑遐之之云梦》）等对邮路不畅、书信难达的感慨，当然，也还有"古驿通桥水一弯，数家烟火出榛菅"（清·查慎行《池河驿》）

杜牧诗句："一骑红尘妃子笑，无人知是荔枝来"写

以及"折花逢驿使，寄与陇头人。江南无所有，聊寄一枝春"一类对古代驿站风光充满诗情画意的描写。

但是，所有这一切都难以掩盖邮驿对古代劳动大众所带来的苦难和沉重负担。唐代诗人杜牧在《过华清宫绝句三首》中写道：

> 长安回望绣成堆，山顶千门次第开。
> 一骑红尘妃子笑，无人知是荔枝来。

诗的大意是：从长安回望骊山华清宫，宛如一幅锦绣那样迷人。为了迎接运载荔枝的飞骑、驿车的到来，骊山的宫门一个接一个地打开。唐玄宗为了投杨贵妃之所好，竟然不惜修筑从长安到四川涪陵的驿道，动用飞骑、驿车从四川运来荔枝。而善良的百姓还以为绝尘而来的驿马是在传送重要公文或军事情报呢！

今甘肃境内黄花驿，地处秦岭的群山奇峰之中。在那里修建驿站，也令今人匪夷所思。后据考证，这是当年唐玄宗为迎接传说中的八仙之一张果老进京而设置的。

杜牧的诗作以及黄花驿的传奇，都是对封建帝王的辛辣讽刺，它也折射出了那个年代驿夫们的悲苦。

清康熙年间，贵州巡抚佟凤彩曾上书皇帝，列数当年驿夫的苦难，说"夫抬一站，势必足破肩穿；马走一站，也必蹄腐脊烂"。这正是邮驿加重劳苦大众灾难的真实写照。

电信百年回眸

本文通过对百年电信历程的回顾，勾画出人类通信发展的轨迹以及沧桑巨变。

首先刊于1999年9月15～16日《科技日报》，后被多种书刊收录；《北京青年报》以21期连载全文。

20世纪的科技星空，群星璀璨，蔚为壮观。无数电信之星，亦光彩照人，闪烁其中。

在21世纪，电信将走出摇篮期，进入一个飞速发展的阶段。它不仅硕果累累，缤纷百态，而且在一步步走进人们的生活，成为当今社会须臾不可缺少的中坚。

现在就让我们荡起双桨，穿过时空，驶向过去岁月的河流，去寻找电信的源头，以及它在历史长河中所掀起的朵朵浪花。

源远流长

通信，简单地说，就是信息的传递。从这个意义上讲，可以说通信是随人类社会的产生而产生，共人类社会的发展而发展的。

早在人类的语言产生之前，便有结绳记事、击鼓传情一类原始的通信手段。后来，又出现了以火光传递信息的办法。在我国境内，至今尚存在不少烽火台的陈迹，便是这段历史的有力见证。

无论是结绳记事、击鼓传情，还是烽火报警，都只能传递十分简单的信息。人类传递比较详尽信息的愿望，只有在文字发明之后才逐步得以实现。信，便是载带文字信息的使者。

1791年3月2日，法国人查佩首次进行"光电报"试验

　　残存下来最古老的信，是用楔形文字写在泥版上，装在泥制的封套里的。20世纪70年代中期，我国湖北云梦秦墓中出土的秦兵士卒的木牍家书，就是那个时期我国"信"的一种形式。信最早是靠人来传递的。据说，古希腊的奴隶主挑选了一些善跑的奴隶，剃掉他们的头发，把要传递的"信"写在他们的头皮上，等到头发长出来盖住了"信"，再让他们出去送信。

　　公元105年，我国的蔡伦改进了造纸术。从此，信便可以写在纸上传递了。传递信的人也渐渐由步行转为骑马。据考证，我国早在公元前14世纪便开始修筑驿道，派驿使传递书信。当时的情景正如唐代诗人岑参所写的："一驿过一驿，驿骑如流星，平明发咸阳，暮及陇山头。"说到邮驿这段历史，人们可能会想到"一骑红尘妃子笑，无人知是荔枝来"的典故。唐代诗人杜牧的这首《过华清宫》诗，主要是为揭露唐玄宗骄奢淫逸而作的。但它却从另一个侧面反映了当时邮驿之盛。

　　驿使现象是带有世界性的。例如，在埃及的历史上，就有由驿使传递尼罗河水上涨信息的记载。

大约是在14世纪，城市邮政首先在欧洲兴起。18世纪90年代，在欧洲还曾盛行一种叫"遥望通信"的视觉通信方式。整个系统是由许多塔站组成的。这些塔站沿通信线路择高建筑，形成彼此遥相呼应的接力系统。通过改变塔站顶上横杆和竖杆的位形，把文字信息一个接一个地发送出去，并一站接一站地进行传播，直至目的地。

1784年8月15日，这种遥望通信系统首次在法国的里尔和巴黎之间使用，它向政府报告了军队攻克莱奎斯诺的消息。据说，1815年拿破仑从厄尔巴岛逃出的消息，也是通过这种遥望通信系统很快传到巴黎的。

电信序幕

人类通信的革命性变化，是从把电作为信息载体后发生的。

1753年2月17日，在《苏格兰人》杂志上发表了一封署名C.M的书信。在这封信中，作者提出了用电流进行通信的大胆设想。他建议：把一组金属线从一个地点延伸到另一个地点，每根金属线与一个字母相对应。在一端发报时，便根据报文内容将一条条金属线与静电机相连接，使它们依次通过电流。电流通过金属线传到与它相连接的小球时，便将挂在小球下面的写有不同字母或数字的小纸片吸了起来，从而起到了远距离传递信息的作用。

上述有关电流通信机的设想，虽然在当时还不十分成熟，而且缺乏应用推广的经济环境，但却使人们看到了电信时代的一缕曙光。

19世纪的前30年，人类的科学技术取得了许多重大进展，例如，发明了蒸汽机车，英国利物浦和曼彻斯特之间的第一条公用铁路正式通车，以及6600马力的"东方巨轮"的下水等等，都标志着一个高速通信时代的到来。电信时代的序幕也由此而渐渐拉了开来。

1832年，俄国外交家希林在当时著名物理学家奥斯特电磁感应理论的启发下，制作出了用电流计指针偏转来接收信息的电报机；1837年6月，英国青年库克获得了第一个电报发明专利权。他制作的电报机首先在铁路上获得应用。1845年1月1日，这种电报机在一次追捕逃犯的过程中发挥了重要作用，因而一时间声名大振。

在19世纪众多的电报发明家中，最最有名的还是莫尔斯以及他的伙伴维尔。莫尔斯是当时美国很有名气的画家。他在1832年旅欧学习途中，开始对电磁学发生了兴趣，并由此而萌发出了把电磁学理论用于电报传输的念头。

1834年，莫尔斯发明了用电流的"通"和"断"来编制代表数字和字母的电码(即莫尔斯电码)，同时在维尔的帮助下于1837制作成了莫尔斯电报机。

1843年，莫尔斯经竭力争取，终于获得了3万美元的资助。他用这笔款修建成了从华盛顿到巴尔的摩的电报线路，全长64.4千米。1844年5月24日，在座无虚席的国会大厦里，莫尔斯用他那激动得有些颤抖的双手，操纵着他倾十余年心血研制成功的电报机，向巴尔的摩发出了人类历史上的第一份电报："上帝创造了何等奇迹！"

电报的发明，拉开了电信时代的序幕，开创了人类利用电来传递信息的历史。从此，信息传递的速度大大加快了。"嘀－嗒"一响（1秒钟），电报便可以载带着人们所要传送的信息绕地球走上7圈半。这种速度是以往任何一种通信工具所望尘莫及的。

百年"长歌"

电报传送的是符号。发送一份电报，得先将报文译成电码，再用电报机发送出去；在收报一方，要经过相反的过程，即将收到的电码译成报文，然后，送到收报人的手里。这不仅手续麻烦，而且也不能进行即时的双向信息交流。因此，人们开始探索一种能直接传送人类声音的通信方式，这就是现在无人不晓的"电话"。

说到电话，还有一桩值得一提的趣闻。在国际电信联盟出版的《电话一百年》一书中，曾提到了一件鲜为人知的事：早在公元968年，中国便发明了一种叫"竹信"（Thumtsein）的东西，它被认为是今天电话的雏形。这说明，古老的中国还为近代电话的诞生做过贡献呢！而欧洲对于远距离传送声音的研究，却始于17世纪，比中国发明"竹信"要晚六七百年。在

电视电话——电视和电话的融合

欧洲的研究者中，最为有名的便是英国著名的物理学家和化学家罗伯特·胡克（Robert Hooke, 1635—1703）。他首先提出了远距离传送话音的建议。1796年，李斯提出了用话筒接力传送语音信息的办法。虽然这种方法不太切合实际，但他赐给这种通信方式的一个名字——telephone（电话），却一直沿用至今。

在众多的电话发明家中，最有名的要算是贝尔了。

亚历山大·格雷厄姆·贝尔，1847年生于英国的苏格兰。他的祖父和父亲毕生都从事聋哑人的教育工作。由于家庭的影响，贝尔从小便对声学和语言学产生了浓厚的兴趣。开始，他的兴趣是在研究电报上。有一次，他在做电报实验时，偶然发现一块铁片在磁铁前振动而发出微弱的音响。这件事给了贝尔以很大的启发。他想，如果对着铁片讲话，让铁片振动，而在铁片后面放着绕有导线的磁铁，导线中的电流就会发生时大时小的变化；变化着的电流传到对方后，又驱动电磁铁前的铁片作同样的振动，不就可以把声音从一处传到另一处了吗？这就是当年贝尔制作电话机的最初构想。

贝尔发明电话机的设想得到了当时美国著名物理学家约瑟夫·亨利的鼓励。亨利对贝尔说："你有一个伟大的设想，干吧！"当贝尔说到自己缺乏电学知识时，亨利说："学吧！"就在这"干吧""学吧"的鼓舞下，贝尔开始了他发明电话的艰苦历程。

1876年3月10日，贝尔在做实验时不小心把硫酸溅到自己的腿上，他疼痛地叫了起来："沃森先生，快来帮我啊！"没有想到，这句话通过他实验中的电话，传到了在另一个房间工作的沃森先生的耳朵里。这句极普通的话，却不料成了人类第一句通过电话传送的话音而载入史册。1876年3月10日，也被人们作为发明电话的伟大日子而加以纪念。

当时，从事电话发明的决非贝尔一人。其中，格雷的成就也非同凡响。可惜，他申请发明专利的时间比贝尔晚了几个小时，因而痛失电话之发明权。

另外，2002年6月16日，美国众议院通过表决，认为梅乌奇为电话发明人，致电话发明权之争又起波澜。这已是后话。

在发明电话之后，大发明家爱迪生和李斯等人都对电话作过很多改进，譬如采用了碳精送受话器等，使电话传送声音的效率逐步提高，功能日趋完善。

有人说，电话是一支唱了100多年的歌。它至今依然是声音缭绕，响彻寰宇。100多年来，电话作为传递人类话音的基本功能虽无多大变化，但随着技术的进步，它却经历了"磁石—共电—自动"的发展过程。特别是近年来，大规模集成电路、计算机等引入电话通信领域，使古老的电话重新焕发了青春。1965年，第一部由计算机控制的程控电话交换机在美国问世，标志着一个电话新时代的开始。从此，电话增加了许多方便于用户的新功能，如呼叫转移、遇忙等待、缩位拨号、热线等等，不胜枚举。

现代电话为了使用户满意，还大搞"横向联合"。它与电视联合，诞生了"电视电话机"；它与传真携手，出现了"电话传真机"；它引入录音装置，生产出了"录音电话机"，等等。

电话还正在向智能化的方向发展。一种不用拨号，只需报出对方电话号码或姓名，就能把电话接通的电话机已经问世；能够为使用不同语言的通话者担任"翻译"的翻译电话机也正在走向成熟。这一切都表明，电话变得越来越"聪明"，越来越善解人意了。

由于电话机在全世界的迅速普及，它已成为家庭和办公室的重要摆设。为了适应不同环境、不同条件下的使用，电话机也呈现了多姿多彩的形态。除了各种大众化台式电话外，还有仿古电话、米老鼠电话、一体式电话、壁挂电话等。百年电话正不断以新的姿态、新的服务功能继续赢得人们的青睐。

无垠"疆土"

19世纪30年代和70年代，电报和电话的相继发明，使人类获得了远距离传送信息的重要手段。当初，电信号都是通过金属线传送的。线路架设到哪里，信息也只能传到哪里，这就大大限制了信息的传播范围。

1820年，丹麦物理学家奥斯特发现，当金属导线中有电流通过时，放在它附近的磁针便会发生偏转。接着，学徒出身的英国物理学家法拉第明确指出，奥斯特的实验证明了"电能生磁"。他还通过艰苦的实验，发现了导线在磁场中运动时会有电流产生的现象，此即所谓的"电磁感应"现象。

著名的科学家麦克斯韦进一步用数学公式表达了法拉第等人的研究成果，并把电磁感应理论推广到了空间。他认为，在变化的磁场周围会产生变化的电场，在变化的电场周围又将产生变化的磁场，如此一层层地像水波一样推开去，便可把交替的电磁场传得很远。1864年，麦氏发表了电磁场理论，成为人类历史上预言电磁波存在的第一人。

那么，又有谁来证实电磁波的存在呢?这个人便是赫兹。1887年的一天，赫兹在一间暗室里做实验。他在两个相隔很近的金属小球上加上高电压，随之便产生一阵阵噼噼啪啪的火花放电。这时，在他身后放着一个没有封口的圆环。当赫兹把圆环的开口处调小到一定程度时，便看到有火花越过缝隙。通过这个实验，他得出了电磁能量可以越过空间进行传播的结论。赫兹的发现，为人类利用电磁波开辟了无限广阔的前景。

赫兹透过闪烁的火花，第一次证实了电磁波的存在，但他却断然否定利用电磁波进行通信的可能性。他认为，若要利用电磁波进行通信，需要有一个面积与欧洲大陆相当的巨型反射镜，而他认为这是不现实的。但赫兹电火花的闪光，却照亮了两个异国年轻发明家的奋斗之路。

1895年，俄国青年波波夫和意大利青年马可尼分别发明了无线电报机，勇敢地闯入了赫兹所划定的"禁区"。

1897年5月18日，马可尼横跨布里斯托尔海峡进行无线电通信取得成功。1898年，英国举行了一次游艇赛，终点设在离岸32千米的海上。《都柏林快报》特聘马可尼为信息员。他在赛程的终点用自己发明的无线电报机向岸上的观众及时通报了比赛的结果，引起了很大的轰动。 这被认为是无线电通信的第一次实际应用。

由于无线电通信不需要昂贵的地面通信线路和海底电缆，因而很快便受到人们的重视。它首先被用于敷设线路困难的海上通信。第一艘装有无线电台的船只是美国的"圣保罗"号邮船。后来，海上无线电通信接二连三地在援救海上遇险船只的行动中发挥作用，从而初露头角。

1901年，无线电波越过了大西洋，人类首次实现了隔洋无线电通信。两年后，无线电话也试验成功。

1912年，发生了震惊于世的"泰坦尼克号"沉船事件。这桩使1500人丧生的惨剧的发生，与船上装用的无线电报机的连续7小时故障直接有关。它使人们进一步认识到无线电通信对于人类安全的重大作用。

与此同时，无线电通信逐渐被用于战争。在第一次和第二次世界大战中，它都发挥了很大的威力，以至于有人把第二次世界大战称为"无线电战争"。

1920年，美国匹兹堡的KDKA电台进行了首次商业无线电广播。广播很快成为一种重要的信息媒体而受到各国的重视。后来，无线电广播从"调幅"制发展到了"调频"制，到20世纪60年代，又出现了更富有现场感的调频立体声广播。

无线电频段有着十分丰富的资源。在第二次世界大战中，出现了一种把微波作为信息载体的微波通信。这种方式由于通信容量大，至今仍作为远距离通信的主力之一而受到重视。在通信卫星和广播卫星启用之前，它还担负着向远地传送电视节目的任务。

今天，无线通信家族可谓"人丁兴旺"，如短波通信、对流层散射通信、流星余迹通信、毫米波通信等等，都是这个家族的成员。按理来说，卫星通信、地面蜂窝移动通信也都属于无线电通信的范畴，只不过由于他们发展迅速，"家"大"业"大，人们在谈到它们时往往"另眼相看"，大有自立门户之势。

佳偶良缘

有人把迄今人类社会的信息活动分为五个阶段，或称之为五次"革命"。这五次革命的重要标志依次为语言的产生，文字的创造，纸张和印刷术的发明，电报和电话的问世以及计算机与通信的融合（即C&C）。

1945年，美国研制成功世界上第一台电子计算机——ENIAC，从而开创了一个科技新时代，也激发了电信领域的又一次新的革命。

如果我们回顾一下电信发展的历史，不难看出它走的是一条"数字－模拟－数字"的路。上面提到的莫尔斯电报就是一种数字通信方式。而后来居上的电话是模拟通信方式。这后一种方式称霸一时，延续了一个很长的历史时期。后来由于晶体管的出现，美国于1962年研究成功了晶体管24路脉码调制设备，用于电话的多路化通信。这一进展，使通信数字化的春潮又重新涌动起来。数字化使通信与计算机找到了一个携手合作、共同发展的基础。

今天，计算机与通信之间，可以说是形成了"你中有我、我中有你"的密不可分的关系。计算机的引入，改变了传统通信只有传递信息的单一功能的状况，增添了信息生成、信息存储的功能。所谓"信息生成"就是将要传送的信息加工成接收者容易理解的形式。这里，需要借助计算机在信息加工处理方面的特长。譬如，一个分公司需要向总公司报告一个月的销售情况，通常是用计算机把有关材料按一定格式制成报表，然后再通过传真或数据通信电路传送出去。在信息生成领域，广泛使用了文字处理机、绘图仪和计算机辅助设计等计算机技术。"信息存储"是将信息加工后，不立即发送或利用，而是利用计算机的存储器先储存起来，在需要的时候再发送出去或加以利用。例如，1971年问世的"电子信箱"业务，便是利用计算机存储信息的功能，把要传递给对方的信息暂时储存起来，等对方方便的时候再凭密码从"信箱"中取走。使用这种业务，可以不必考虑自己发送信息时对方在不在家。另有一种电信新业务叫"传真存储转发"，是先把发往对方的传真信息存储起来，然后择时发送出去。采用这种方式不仅可以选择信息的发送时间，而且还可以达到将一份传真稿同时发送给多个用户的目的。

电信网是当今社会中最为庞大和复杂的网络体系，是现代社会的基础设施。"智能化"是未来通信网的发展方向。智能化不仅要求网络有传递和交换信息的能力，而且还有存储和处理信息的能力。例如，要能够自动选择最佳的通信路由，使通信始终保持畅通无阻和高效运行。还要有号码翻译、计费处理和不同语言自动翻译的能力。所有这一切，都有赖于计算机的非凡本领。

在现代通信设备中，哪一样离得开电子计算机呢?备受人们青睐的程控电话，其交换系统就是由电子计算机来控制的。

在另一方面，现代的计算机技术也同样离不开通信。开始，计算机多采用"集中处理"方式，即将多种业务由一台大型计算机进行集中处理。但实践证明，这样做不仅使计算机硬件越来越笨重，也使其运行程序越来越大型化和复杂化。于是计算机的处理方式便逐渐转向"分散处理"。"分散处理"方式使用大小适当的计算机和终端设备，通过电信网络连成系统，使它们能取长补短、相互支援。这不仅提高了计算机的利用率，还扩充了它们的应用范围。特别是到了20世纪70年代以后，由于数据库和对话型处理的逐渐普及，利用通信功能可以远距离使用计算机，以实现远距离用户之间的信息交换，以及软件资源的共同利用。这样一来，计算机与通信之间的关系就变得更加密不可分了。

计算机与通信的融合，不仅大大地促进了社会生产效率的提高，而且还从根本上改变了人们的生活方式，如学习方式（远程教学）、办公方式（在家办公和移动办公）、支付方式（电子货币和家庭银行）、医疗方式（远程医疗）和购物方式（电子购物）等等。如果我们把1977年作为从科学技术的角度上提出"C&C（计算机与通信）"的起点的话，那么，1980年前后，它开始渗透到工业和商业领域；20世纪90年代，它便进军人类社会文化生活领域；到2000年，它已渗透到全球每个角落，使人与机器融为一体。现在，我们透过多媒体技术、计算机电信集成技术以及全球最大的信息资源网——互联网的发展，便可以看到"C&C"的无限风光。

纤径通衢

1960年，美国物理学家梅曼用强大的普通光照到人造红宝石上，得到了比太阳光强1000万倍的激光。由于激光频带宽，有很丰富的频率资源，而且纯度高、不易扩散，具有很好的方向性，因而很快地便在通信领域找到了用武之地。开始，人们让载带着信息的激光通过大气传播，以实现点对点的通信；后来，人们发现激光在大气中传播时，受到气候条件和地理条件的影响和制约，不仅信号衰减很大，而且传输质量也得不到保证，因而对于激光通信的研究的注意力便由"无线"方式转向"有线"方式，即设法给激光提供一个理想的有形通路。

科普随笔

1966年，英籍华人高锟博士最早提出以玻璃纤维进行远距离激光通信的设想。他认为，光在玻璃光纤中的传输损耗有可能达到20分贝／千米。这样的光纤便可用于通信。由于他以及许多后来者的不懈努力，人类终于进入了一个色彩纷呈、令人眼花缭乱的光通信时代。光通信之所以有如此之魅力，首先是由

海底光缆已将各大洲连接起来，成为"海底通衢"。这是海底电缆敷设时的情景

于它的"宽广"和"大度"。它所能容纳的信息量之大，是历"朝"信息媒体所望尘莫及的。一根直径不到1.3厘米的由32根光纤组成的光缆，竟能容许50万对用户同时通话，或者同时传送5000个频道的电视节目。这还只是今天所能达到的水平，实际上它的潜力还要比这大得多。光纤通信还有不受电磁干扰、原料充足和成本低廉等独特的优点，因而一经问世，便成为通信领域里一颗耀眼的明星。1976年，全球第一条光缆实验系统在美国亚特兰大建成；1980年，在苏格兰西海岸敷设了世界上第一条海底光缆。如今光缆不仅是陆地通信的命脉，而且还穿洋过海，成为连接世界各大洲的重要信息渠道。它不仅用作电信局站间的中继线路，还直达用户所在地的路边、楼群，以至于用户家中，给人们带来远比电话通信内容丰富得多的通信服务。

一段时期以来，人们街谈巷议的"信息高速公路"，其中枢神经和骨干正是光纤和光缆。光纤，能够同时容许话音、数据、图像等多种信息双向、快速地通过，以满足信息时代人们对快速、及时传递多种多样信息的需求。其效率之高，通过一个例子便可见其一斑。一套32卷的《大不列颠百科全书》，用普通计算机网络传输，约需13个小时，而通过以光纤为骨干的信息高速公路传输，则只需4.7秒。

"信息高速公路"的最终目标，是建立一个统一的全球性通信网。在实现这个多少年来人们所梦寐以求的"自由王国"的历程中，光纤通信扮演了一个十分重要的角色，这已经为越来越多的人所认识。

银色"项链"

1944年，一个名叫A.C.克拉克的英国人发表了一篇题为《地球外的中继》的论文。在论文中，他提出了一个十分大胆的设想，即人类有可能通过发射人造地球卫星，为地面通信建立设在空间的"中继站"。他还预言，在1969年前后，人类将登上月球。

历史完全证实了克拉克的预言。现在，数以百计的通信卫星相继升空，它们在不同的轨道上绕地球旋转，如同一串串套在地球姑娘颈上的"项链"，光彩夺目，波映人间。

1957年10月4日，苏联发射了世界上第一颗人造地球卫星。这不仅标志着航天时代的开始，也预示卫星通信时代即将来临。紧接着，美国于1960年8月

12日发射了第一颗通信实验卫星——"回声1号"。这是一颗无源卫星，只能反射来自地面的无线电波，而不能放大和转发信号，因而没有多大的实用价值。第一颗有源通信卫星是美国在1962年7月发射的"电星1号"。同年12月13日美国又发射了"中继1号"有源通信卫星。它在次年3月进行的美、日两国电视转播试验中，及时地播发了肯尼迪遇刺的重大新闻，给人们留下了深刻的印象。1965年4月6日，世界上第一颗商用卫星"晨鸟号"发射成功，一个崭新的卫星通信时代便由此而开始。

30多年来，卫星通信有许多出色的表现。首先，它使人们强烈地感受到地球正在缩小，"地球村"的概念也由此而产生。今天，我们拿起电话便可以立即与地球上任何一个大陆的人建立通信联系，真有"天涯咫尺"的感觉。1976年，国土辽阔的加拿大最先利用卫星来转播电视节目。1984年，日本首先发射了专门用于卫星电视转播的广播卫星"BS-2a"。卫星转播不仅使报道世界重大事件的新闻能在瞬息之间传遍全球，而且还使得分散在世界各地的人可以足不出户，通过电视屏幕同观一场球赛，或同时出席一个国际会

通信卫星俯视地球，为全球提供远距离接力通信服务

议。由于卫星通信的崛起，使得在海上救援活动中以"SOS"为呼救信号的莫尔斯电报，于1999年2月正式退出历史舞台，代之以由海事卫星"担纲"的全球海上遇险及安全系统（GMDSS），从而将人类的海上救援活动推向了一个新的水平。在海湾战争中，卫星通信也出尽了风头。昔日鲜为人知的"GPS"系统（全球定位系统）在1991年海湾战争中名扬天下，发挥了重大作用。这是一个由24颗卫星组成的系统，能准确地确定目标的三维位置。这项技术现在已从军用转向民用，在通信、交通运输等领域不断找到了它新的用途。这里特别

值得一提的是，1998年岁末投入运营的"铱"系统，它被世界众多有影响的新闻媒体共同列为1998年十大科技"明星"之一。

"铱"系统计划是美国摩托罗拉公司1987年正式提出的。原设计是通过77颗低轨道通信卫星构成一个全球卫星通信网，后来改由66颗卫星组成。77正好是"铱"这个元素的原子序数，"铱"系便由此而得名。尽管现在它的"成员"已由77个"精简"为66个，但考虑到早已经名声在外，因而仍沿用"铱"这个名称。顺便提一句，已经升空的"铱"系统的66颗卫星中，有8颗是由我国的长征火箭发射的。

实现"全球个人通信"是人类通信所追求的最终目标。这个目标实现之后，地球上任何一个人，不论他在何处，也不论在何时，都能以任何一种方式，即时地与地球上任何一个别的个人建立通信联系。"铱"系统、全球星系统等的实用，无疑将为人类进入全球个人通信时代迈出重要的一步。

极目千里

20世纪，是图像通信崛起并得到迅速发展的一个世纪。应该说，这是历史的必然。因为，人们从客观世界感知的信息，有六成以上是来自视觉。视觉信息不仅比来自听觉、触觉等其他渠道的信息所包含的信息量大，而且还具有形象、直观等为一般人所容易接受的特征。中国的俗语中有"百闻不如一见"和"眼见为实"一类说法，也都表明图像通信与人类的亲和性。

传真通信是图像通信的一种。早在1843年，英国人亚历山大·贝恩就提出用电传送图像和照片的设想。在此后的若干年内，传真机走向了实用，扫描方式也由平面扫描改进为滚筒扫描。1913年，法国物理学家贝兰制成了世界上第一部手提式传真机，可供新闻记者使用。1914年，世界上第一幅通过传真机传送的新闻照片出现在巴黎的一张报纸上。1924年，当时法国外交部长阿·白里安的一份亲笔信用传真机从巴黎传到华盛顿，首开国际传真之先河。20世纪60年代之后，由于电子技术的飞速发展，传真机的质量大大提高，价格大幅度降低，从而使传真机开始从电信局、报社走进办公室和普通百姓家庭。彩色传真机、网络传真机等传真"家族"的新秀也相继涌现，使这个领域呈现一派机。

1925年，英国人贝尔德发明了机械式扫描电视机；1936年11月2日，世界上第一个定期播放电视节目的电视台——英国BBC电视台开播，它把人类带进了一个电视时代。很快便有人想到把传送声音的电话和传送影像的电视结合在一起。1927年，在上述思想的指导下，美国的贝尔研究室便开始了电视电话的试验。世界其他许多国家也相继进入了这个领域。1969年，在日本举办的万国博览会上，电视电话机在会场上首次亮相，引起了人们的极大兴趣。20世纪70年代，在美国、英国和法国，电视电话相继投放市场。

电视电话给通信带来了"闻声见影"的效果，增加了表情交流的内容。但是，它付出的代价也是高昂的。因为电视电话所占用的频带是普通电话的1000倍。这在通信电路还十分紧张的20世纪七八十年代，的确有点奢侈。但进入20世纪90年代后，由于光通信等宽频带资源的开发，为电视电话的大众化奠定了基础。今后，随着终端价格的降低，以及"光纤到户"目标的实现，电视电话也将变得可望而又可即了。

20世纪70年代，会议电视系统的开发，给人类社会带来了不可估量的影响。1984年4月，它第一次被用来召开国际会议。它使得出席会议的各国代表可以不出国门，便能实现在屏幕上的聚会。会议电视系统不只用于会议，在商业上还可用于屏幕对屏幕的交易，在教育领域可用于开展远程教学，在医疗卫生领域可用于远程医疗，等等。会议电视的广泛应用，可以大大节省人们的时间及差旅费用，对节约能源、减轻环境污染也都有很大的好处。

另外，1949年初露头角，并在近年来得到迅速发展的有线电视，以及1998年正式开播的高清晰度数字电视，也都是20世纪图像通信领域的重大成果。有线电视最早是为解决一些地区收看电视困难而出现的，又叫"共用天线电视"。后来，人们不仅用它来向收视困难的地区传送由共用天线统一接收下来的电视节目，还加插了一些地方性节目进去。这是有线电视发展的第二阶段。此后，随着同轴电缆和光缆被用作有线传输媒介，人们便开始考虑变有线电视的单向性为双向性了。从此，有线电视用户便从"被动收看"中解放出来，获得了点播节目、在家接受电视台现场采访，以及通过有线电视系统索取其他信息的乐趣。这是有线电视发展的第三阶段。现在，有线电视还能把它所接收到的由卫星直播的电视节目送至千家万户，极大地丰富了家庭荧屏的内容。

也就是那个分别在20世纪20年代和30年代，率先进行无线电广播和电视广播的英国广播公司（BBC），于1998年9月23日在世界上首先播放了数字电视节目。紧接着，美国的26家地方电视台也于11月1日前相继播放了数字电视节目。在此期间，我国也成功地进行数字电视广播试验。

数字电视的面世，被世界上许多有影响的媒体列为1998年的十大新闻之一，它被视为电视发展史上的又一场重大革命。数字高清晰度电视的试播成功，绝不仅仅意味着我们将通过电视荧屏获得图像更加清晰、声音更富临场感的收视效果，更重要的是，由于它使用了与计算机和现代通信相兼容的技术，因而相互间可以进行交互式的信息传输；同时，还赋予电视以许多新的功能，如可在互联网上浏览，可发送电子邮件，可实现网上购物和网上银行业务，等等。

萍踪波影

随着人类社会人际交往的日趋频繁，人们对通信提出了更高的要求，即要求不论处于静止状态还是移动状态，都能随时随地地进行通信。这种要求最先是由远航船舶的通信和遇险救援需要提出来的。船舶通信是最早出现的移动通信方式，它诞生于19世纪末。第二次世界大战后，汽车日渐增多，号称"汽车王国"的美国，有车阶层便深感在行驶汽车里与外界隔绝之不便，于是很多人便开始研究汽车电话。1945年，汽车电话在美国问世。

由于汽车拥有量的日渐增多，早期单区制的汽车移动电话系统已不敷应用。于是，1946年，美国的贝尔实验室便提出了将移动电话的服务区划分成若干个小区，每个小区设一个基站，构成蜂窝状系统的蜂窝移动通信新概念。1978年，这种系统在美国芝加哥试验获得成功，并于1983年正式投入商用。这是移动通信史上具有划时代意义的发明，一直到今天仍然为我们所采用。

蜂窝系统的采用，使得相同的频率可以重复使用，从而大大增加了移动通信系统的容量，适应了移动通信用户骤增的客观需要。第一代蜂窝移动电话采用的是模拟技术；进入20世纪80年代后，欧美各国和日本相继开发数字蜂窝移动通信系统，此为第二代。数字系统不仅比模拟系统能获得更高的频谱利用率，而且还具有设备体积小、耗电省、安全保密以及能提供除话音通信以外的多种服务功能等优点。在数字系统中，以欧洲的GSM系统起步最早。现在，中国移动通信公司向用户开放的"全球通"业务，采用的也是这种系统。

移动通信发展之快，是人们所始料未及的，它在不少国家的年增长率都

流光书韵

——陈芳烈科学文化记忆

超过了100%。现在，我国的移动电话用户数量已接近固定电话的用户数量，用不了多久便可以超过它。一个高度智能化、能覆盖全球、能提供多种业务和具有个人化特色的第三代移动通信系统正在孕育之中。

移动通信与互联网，为行色匆匆的人们提供移动办公和其他各种移动信息服务

20世纪，移动通信从海洋"出发"，进军陆地，走向太空。1991年，新加坡航空公司率先在波音747宽体客机上安装了全球空中电话设备，使得机上乘客能在飞行过程中直接与世界各地通话。

移动通信的问世为人类走向通信的自由王国提供了强大的推动力。移动电话、无线寻呼和初露头角的卫星移动通信的发展，将把人们带进一个"个人通信"的新时代。到那时，通信将从"服务到家"变为"服务到人"，人们在任何时间、任何地点，以任何一种方式与地球上任何一个别的个人建立通信联系，或接入世界上任何一个数据库，将不再是梦。

网中之王

20世纪90年代，在全球范围内掀起了数字化的浪潮。一种叫做国际互联网的神奇的信息网络闯进了我们的生活。

计算机无疑是20世纪的一项重大科技成果。而用现代的通信技术把分散在世界各地的许许多多计算机网络连接起来，形成一个全球性的网上之网——互联网，则更是威力无穷。它将作为20世纪对人类社会影响最大的一种通信媒体而载入史册。

互联网起源于1969年美国国防部资助建立的阿帕网（ARPANET）。它

现在，我们生活的地球已被一张无形的网所覆盖，那就是互联网

是五角大楼为了把从事相关研究的科学家、教授所使用的计算机用网络连接起来，以便进行网上信息交流和远程协作而建立的。当时接入网络的计算机只有4台。20世纪80年代，阿帕网已成为政府研究人员竞相使用的通信工具。因而，1985年，在美国国家科学基金会（NSF）的支持下，建立了NSFnet，这便成为今天国际互联网的骨干之一。1991年，美国政府解除国际互联网商用的禁令，这便促使它很快走向商业化运作，在全球范围内迅速发展起来。

国际互联网是计算机网络的网络，即网上网。它是一个十分庞大的网络，不属于任何机构或个人，是由用户自行开发和管理的网络。互联网上的信息五花八门，且容量很大。人们可以十分方便地从网上获取自己所需要的信息，而且价格低廉，因而深受用户的欢迎。

互联网有许多用途，主要的用途有：传送电子邮件，发布各种信息，提供丰富的文化娱乐节目，开展电子商务，共享网上软件资源，以及提供有如网上购物、网上电视会议等名目繁多的服务。

互联网作为未来信息高速公路的雏形，正处于迅速发展阶段。全世界已有近200个国家和地区的数以亿计的用户被连接到这个网上。用户数还在以每月10%左右的速度增长。在中国，据中国互联网信息中心的统计，截止1998年12月31日，上网人数已达210万；与上年相比，其增幅为213%。现在人们已经津津乐道于政府上网、商店上网、银行上网、学校上网，并对经济实惠的网上电话、网上传真、网上会议、网上寻呼等产生浓厚的兴趣。不久，家电也将上网。一个网络化的社会将给我们带来什么样的变化呢？让我们拭目以待吧！

《科技日报》1999年9月15日和10月6日

电信时代的序幕
——莫尔斯和他发明的电报机

谁敢相信，电报机这一划时代的发明，竟是一名画家的杰作。

可见，在偶然与必然之间，从来就不存在一条不可逾越的鸿沟。

序曲

用电来传送信息，开创了通信时代的新纪元。这是因为自从通信乘上"电"这辆"特别快车"之后，无论是传送速度还是传送距离，都发生了突飞猛进的变化。这是以前所有的通信方式都望尘莫及的。

说到电信，不能不提到早在1753年2月17日，一封发表于《英格兰人》杂志、署名C.M的书信。作者在信中提出了一个大胆的建议：把一组金属线从一个地点延伸到另一个地点，每根金属线与一个字母相对应。当需要从一端向另一端发送信息时，便根据报文内容将一根根金属线与静电机相连接，使它们依次通过电流；电流在通过金属线传到另一端后，悬挂在金属线上的小球便将挂在它旁边的写有不同字母或数字的纸片吸了过来。就这样，信息便从一端传送到了另一端。

上述有关电流通信机的设想，尽管当时还不十分成熟，且缺乏应用推广的环境条件，但却使人们看到了电信时代的一缕曙光。

19世纪的前30年，是人类科技史上十分辉煌的年代。1814年蒸汽机车的发明，以及1821年6600马力大东方号巨轮的下水，标志着一个"高速"时代的到来。就在这个时候，人类的通信也以电报的发明作为开端，进入了一个飞速发展的电气时代。

"外行"的发明

打开人类科学发明的史册，你会看到许多领科学技术潮流之先的发明创造，是出于"外行人"之手。电报发明家莫尔斯便是其中的一位。

塞缪尔·莫尔斯1791年生于美国的马萨诸塞州，1810年毕业于耶鲁大学。他早期从事绘画和印刷，曾两度赴欧洲留学，在肖

邮票上的莫尔斯和他发明的电报机

像画和历史绘画方面都颇有造诣，是当时公认的一流画家。

可是，一次偶然的旅行却改变了莫尔斯的人生轨迹。1832年10月的一天，莫尔斯接到一封紧急的家书后，便匆匆登上了一艘由法国开往美国的邮轮——萨帕号。邮轮要在海上航行一个月才能到达美国。在这次旅行中，他与一位叫杰克逊的美国医生不期而遇。为了排解漫长旅途中的寂寞，杰克逊向同行的人展示了一种叫"电磁铁"的新玩意儿，并绘声绘色地给大家讲解它的原理。

杰克逊对于电磁知识的粗浅介绍，不料却深深地吸引了画家莫尔斯，并引发了他的许多联想。莫尔斯听完杰克逊的演讲后，便立即回到船舱里，写下了这么一段话："电流可以突然接通，也可以突然中断。如果接通表示一种信号，中断又表示一种信号，接通或中断的长短也可以分别表示不同的信号，那么电流不就可以传送多种信息了！"莫尔斯为自己萌发的这种想法而兴奋不已。从此之后，他便搁置画笔，开始电学研究工作，画室也因此而变成了他的实验室。

在莫尔斯之前，已经有了不少有关电报机的创意。早在18世纪50年代，就有一位叫摩尔逊的学者运用静电感应原理设计出了一种用26根导线分别传送26个字母的电报机；德国的冯·泽海林发明了水泡电报；俄国外交家希林格制作了用电流计指针偏转来接收信息的"电磁式电报机"；英国青年库克在伦敦高等学校教授惠斯登指点下制作完成了多种形式的电报机，等等。总结以往这

些有关电报的发明，莫尔斯发现，以往这些设备难以推广的主要原因是过于复杂。他认为，要解决这个问题，必须把26个字母的传递方法加以简化。

莫尔斯经过再三思索和反复实验，终于提出了只用两根导线（电报电流从一根导线流出，再从另一根导线流回来），靠"接通"或"断开"电路，并控制接通时间长（划）短（点）来传送信息的办法。尽管英文字母、阿拉伯数字种类不少，但它们都被简化为用点和划的不同组合来表示。例如，用一点一划表示英文字母"A"，用5个点表示阿拉伯数字"5"等。同样道理，大家所熟知的求救信号"SOS"也可以用"···———···"这样的电流通断组合来表示。这就是莫尔斯为简化电报通信而发明的电码，人称莫尔斯电码。

莫尔斯在试验电报机的过程中耗尽了资财，在贫困交加中艰难生活。但"功夫不负有心人"，经过近5年的努力，在1837年9月4日，莫尔斯终于在精通机械的伙伴维尔的帮助下制造出了世界上第一台实用的电报机。那年，莫尔斯46岁。

用莫尔斯电报机发送电报（左）和接收电报（右）时的情景

历史上的第一份电报

电报的发明，揭开了电信时代的序幕。从此，通信被"插"上了电的翅膀，只需一秒钟，它便可载着信息"行走"30万千米！

1874年的伦敦中央电报局

　　1843年，莫尔斯经过力争，终于获得美国国会3万美元的资助。他用这笔钱建成了从华盛顿到巴尔的摩的电报线路，全长64.4千米。1844年5月24日，在座无虚席的华盛顿国会大厦里，莫尔斯用他那激动得有些颤抖的手，向巴尔的摩发出了人类历史上的第一份电报："上帝创造了何等奇迹！"

　　莫尔斯的那些"点"与"划"，宣告了一个让地球变小的瞬时通信新时代的到来。为了让世人记住电报发明者的不朽功绩，1858年，在纽约中央公园耸立起了莫尔斯的塑像。

《图说通信技术》1992年10月

电话发明权的百年之争

有时，改变人类命运的并不是战争，也不是和平，而是一项科技创新。电话的发明便是一例。

一般人或许并不在意电话是谁发明的，但谁都会为这项创世纪的发明所震惊。因为，从此人们便可足不出户，与地球另一端的人细语交谈，犹如同处一室。

第一个取得电话发明专利的人——贝尔

很多年以前，在美国波士顿法院路109号顶楼的门口，便钉上了一块铜牌，上面写着："1875年2月，电话在这里诞生"。与这一历史事件相联系的，便是一个耳熟能详的名字——亚历山大·格雷厄姆·贝尔。

电话发明家亚历山大·格雷厄姆·贝尔（1847—1922）

1876年3月7日，美国专利局批准了贝尔的电话发明专利申请，专利号是174465。与贝尔同时期进行电话发明实验的人，还有格雷、李斯、梅乌奇等，他们也都有不凡的业绩，只是在专利申请上被贝尔抢先了一步。其中，格雷仅以几小时之差痛失发明电话的桂冠，使一场持续10年、轰动一时的电话发明权之争，以贝尔的获胜而告终。

说到贝尔与电话，很多人都知道这样一个故事。1876年3月10日，贝尔在一间房子里做电话实验，一不小心，把装在瓶子里的硫酸给打翻了，溅在自己的腿上。他疼痛得禁不住叫了起来："沃森，快来帮我啊！"没有想到，这个声音不是以声波，而是通过正在实验的电话装置，传到在另一个房间里协助贝尔做试验的沃森耳中。这声喊叫，也就成了人类通过电话传送的第一句话而载入史册。也因为这个缘故，1876年3月10日，一直被视为电话发明日而加以纪念。

1847年，贝尔出生在英国苏格兰。他的祖父和父亲毕生从事聋哑人教育事业。受家庭的熏陶，他从小便对声学和语言学产生了浓厚的兴趣。那时，正是莫尔斯发明电报不久，电报成了当时的"新潮"，贝尔也对它十分热衷。在一次做电报实验时，他偶然发现一块铁片在磁铁前振动而发出微弱声音的现象，这给贝尔以很大的启发。他想，如果对着铁片讲话，不也可以引起铁片的振动吗？如果在铁片后面再放上一块绕有导线的磁铁，振动着的铁片便会使导线中的电流产生时大时小的变化；变化的电流通过导线传到对方后，又可推动电磁铁前的铁片作同样的振动，这样，声音不就可以以电的形式进行传递了吗？这就是贝尔关于电话的最初构想。

贝尔在发明电话的过程中遇到过不少挫折。在实验的过程中，他深感自己知识的不足。于是，他千里迢迢来到华盛顿，向素不相识的美国著名物理学家约瑟夫·亨利请教。亨利对他说："你有一个伟大的设想，干吧！"当贝尔说到自己缺乏电学知识时，亨利说："学吧！"就在亨利这"干吧！"和"学吧！"的鼓励下，贝尔开始了发明电话的艰难历程，并一步步走向成功。

"盖棺"尚难"论定"

有一句成语，叫"盖棺论定"，意思是说：人的是非功过，只有到生命完结以后才能做出结论。但这不适合于贝尔，因为关于贝尔的是非，一百多年后还为人所争论，有人甚至还提出了颠覆性的结论。

就在电话发明126年后的2002年6月16日，美国众议院通过表决，推翻了贝尔发明电话的历史，认定梅乌奇为发明电话的第一人。

梅乌奇是一位意大利移民。早年，他在研究电击法治病的过程中，发现声音能以电脉冲的形式沿着铜线传播。1850年，他移居纽约后继续这项研究，并制作出了电话的原型。1860年，他公开展示了这套装置。当时纽约的意大利报纸披露了这条消息。

流光书韵

——陈芳烈科学文化记忆

但此时的梅乌奇穷困潦倒，无法拿出250美元为自己申请发明专利。后来，他把一台样机和记录有关发明细节的资料寄给了西方联合电报公司。可是，1876年2月，曾经与梅乌奇共用一间实验室的贝尔却申请了电话发明专利。梅乌奇为此对贝尔提出起诉，不料，命塞时乖，正当胜诉在望时，梅乌奇却与世长辞了，诉讼也因此而终止。一场电话发明权之争就此沉寂了下来。百余年后，美国众议院旧事重提，让贝尔摘下桂冠，沦为窃贼，确是出乎人们意料的事。对此，加拿大议院很快便作出了反应，它也以决议的形式重申贝尔是电话发明人，以此来反击美国众议院的决定。看来，这场围绕电话发明权的争论，一时尚难平息下来。

安东尼奥·梅乌奇（1808—1889）和他发明的电话机样机

安东尼奥·梅乌奇

1891年，在伦敦和巴黎间开通了长途电话。这是当时通话时的情景

最早的人工电话交换局（1895年）

　　其实，为电话的发明奠基和做出贡献的真不乏其人。例如，前面提到的德国科学家李斯，他早在1861年，也就是贝尔取得电话发明专利的前15年，便制造了一种利用电磁原理把声音传向远方的装置。他把这种装置取名为"telephone"。这个名词一直沿用至今，把它译成中文，便叫作"电话"。如果再追根溯源，电话的发明竟还有我们祖先的一份贡献。

　　在国际电信联盟出版的《电话100年》这本书里，披露了一个鲜为人知的信息：早在公元968年，中国人就发明了一种类似于电话的传声工具，当时把它叫作"竹信"。虽然，它与今天的电话不能同日而语，但早在1000多年前，便能设计出一种传送语音信息的装置，不能不令人叹服……

　　对于普通老百姓来说，电话是谁发明的可能并不重要，重要的是这项发明给人类信息沟通所带来的实实在在的好处。毫无疑问，电话的发明是人类信息史上划时代的革命。它使得地球上相隔遥远的任何两个人都能通过电话说说悄悄话，就像在同一个房间里一样。

2011年8月

无线时代报春人

由于法拉第、麦克斯韦和赫兹等几代科学家的努力，人类终于叩开了通向无线时代的大门。对科学的浓厚兴趣和永不满足的探索精神，是他们取得成功的巨大动力。

有人把我们这个时代称作"无线时代"。可不是嘛，无线电广播与电视，移动电话，卫星通信，还有风头正劲的无线互联网，这些与普通百姓生活关系十分密切的传输媒体，无不与"无线"二字紧紧地联系在一起。现在，有些大中城市，还提出了建立"无线城市"的目标。可见，时代的航帆已经驶入了电磁波的海洋，人们的生活已深深地打上了"无线"的烙印。

电磁波在自然界里早已存在，譬如，在雷鸣电闪之时，就有大量的电磁波产生。由于它看不见、摸不着，所以很长时间不被人们所认识。那么，是谁叩开了电磁波世界的大门，揭开了它的面纱，并一步步把它引入我们的生活的呢？

英国物理学家、化学家法拉第（1791—1867）。1831年，他首先发现了电磁感应现象

一个装订工的伟大发现

1791年，迈克尔·法拉第出生在伦

敦近郊纽温特的一个铁匠人家。由于家境清贫，13岁便失学了。后经人介绍，他到一家书店当了装订工。在那里，面对着很多书籍，法拉第就像是一块巨大的海绵，扑向这知识的海洋，贪婪地吸吮着。在装订《大英百科全书》的时候，他被一些有关电学的条目吸引住了，由此对电产生了浓厚的兴趣。

1812年初秋的一天，一位常来店里买书的顾客给了他一张戴维系列报告会的入场券。戴维是英国大名鼎鼎的化学家，他讲演的内容正是法拉第所感兴趣的电学。每次听讲，法拉第总是早早地走进讲堂，找到一个离演讲人最近的座位坐下。他聚精会神地边听边记，回家后又将笔记认真地加以整理。后来，他将这些笔记装订成册，作为圣诞节一份特殊的礼物送给了他的恩师戴维。

戴维是一个很重人才的人。他为法拉第对科学的热情和执着所打动，不仅邀他来自己的家中见面，还推荐他当上了皇家实验室的一名助理员。

法拉第如鱼得水。在短短的几年时间里，他不仅协助戴维和其他几位科学家完成了许多重要的实验，还独自进行了一些研究。

1820年，丹麦科学家奥斯特发现通电的导线会使附近磁针偏转的磁效应，以及磁铁可使载流线圈发生偏转的现象，从而首次揭示了电与磁的关系。同一个时期，法国科学家阿拉戈、安培以及法拉第的恩师戴维也都在进行有关电与磁的研究，取得了不少成就。

法拉第心想，既然电能生磁，为什么磁就不能生电呢？他苦思冥想，反复实验，耗费了将近10年时光，终于迎来了峰回路转的这一刻。

1831年8月的一天，当他用一根磁棒插入和拔出接有电流计的线圈时，惊喜地发现电流计的指针竟然来回晃动了起来，他不禁大声地叫道："磁生电了！"

法拉第并不满足于上述电磁感应现象的发现，还进一步致力于电磁理论的研究。他想搞清楚磁与电之间到底是靠什么联系、转换的。虽然，由于缺乏系统的数学知识，他最终还是没有推导出表示电与磁关系的公式，但他发现的磁生电的现象，却催生了人类历史上第一个感应式发电机的诞生，使人们见到了电力时代的一缕曙光。

作为电磁学的奠基人之一，法拉第的成就远不止于此。他一生淡泊名利，孜孜不倦地追求科学的真理，先后获得各类荣誉95项。戴维高度评价了法拉第的历史贡献。晚年他在日内瓦养病时，有人曾问过他一生中最伟大的发现是什么，他绝口不提自己在化学领域一个个瞩目于世的成就，却毫不犹豫地说："我最伟大的发现是一个人，他就是法拉第！"

第一个预言电磁波的人

说来也巧，就在法拉第发现电磁感应现象的那一年（1831年），在苏格兰的爱丁堡诞生了一个名叫詹姆斯·克拉克·麦克斯韦的新生命。正是这个从小聪颖好学、16岁便考上爱丁堡大学的天赋不凡的年轻人，从法拉第手中接过了探索电磁世界的"接力棒"，完成了他在电磁理论研究方面未竟的事业。

麦克斯韦在爱丁堡大学上了3年学之后，便进入赫赫有名的剑桥大学深造。1854年，他以数学甲等第二名的成绩毕业。也就是在这一年，他一头扎进了当时最尖端的电磁学的研究，次年便发表了《论法拉第的力线》这篇有名的论文。

英国物理学家麦克斯韦（1831—1879）1864年，他预言电磁波的存在，并创建了电磁理论

当时，已年届63岁的法拉第在读到这篇论文时真是大喜过望。他很想见一见这个才气横溢的作者，但由于麦克斯韦当时名不见经传，几经打听，还是没能如愿。直到4年之后，他终于等到了这期待已久的时刻。一天，一对年轻夫妇登门造访，那男的便是麦克斯韦，时年40岁。

法拉第向这位后辈介绍了这些年自己的研究成果，也直言仍未找到电与磁的关系。

麦克斯韦针对法拉第给他出的一道难题，整整用了5年时间潜心钻研，终于创立了电磁理论。他用数学公式表达了法拉第等人的研究成果，并把法拉第的电磁感应理论推广到了空间。麦克斯韦方程揭示了电磁场的运动规律。麦氏认为，在变化的磁场周围能产生变化的电场；变化的电场周围又会产生变化的磁场。如此推演下去，交替变化的电磁场就会像水波一样向远处传播开去。由此，人们认定，麦克斯韦便是人类历史上首先预言电磁波存在的人。

在这5年中，麦克斯韦先后发表了《物理的力线》和《电磁场的动力学理论》两篇具有划时代意义的论文，为电磁学的发展奠定了坚实的理论基础。法拉第高度评价这位后生的贡献，1867年带着满足溘然离世。

1873年，麦克斯韦写成了《电磁学》一书，为电磁理论奉献了一部经典之作。

麦克斯韦的理论未免有点超前，以致当时曲高和寡，质疑、反对之声不绝于耳。1879年，这位年仅48岁的科学伟人孤独地死去，但他创造的电磁理论却照亮了后来者前进的道路，开启了一个广泛运用电磁波为人类造福的新时代。

是他，首先发现了电磁波

由于受传统的"超距说"的影响，法拉第、麦克斯韦创立的电磁理论开始时被视为奇谈怪论，在当时的德国和奥地利丝毫没有立足之地。只有少数几个有远见卓识的物理学家才看到它潜在的价值，跋涉于求证电磁波存在之路。赫兹就是其中的一位。

海因里希·赫兹是律师的儿子，从小勤奋好学，对物理学尤为钟爱。1878年，他21岁时来到柏林。一次，他在聆听一位叫亥姆霍兹的物理学家演讲时，深受鼓舞，决心投身于科学。随后他考入柏林大学，旋即成为亥姆霍兹的得意门生，并在导师的指导下，开展对电磁波的深入研究。

1886年，赫兹制作了一个十分简单的"电波探测器"。实际上，它便是在一条弯成环状的铜线两头，连接着两个相对距离可以调节的小金属球的装置。1887年的一天，赫兹像往常一样钻进了暗室，开始他寻找电磁波的实

德国物理学家赫兹（1857—1894）。1888年，他发现了电波。左图为赫兹当时的实验装置

流光墨韵

——陈芳烈科学文化记忆

验。他发现，当它在两个靠得很近的金属球上加上高压电时，两个金属球之间便有放电现象。这时，他听见身后那个叫"电波探测器"的圆环也发出噼噼啪啪的声音。当他把圆环的开口处调小时，还发现有火花从两个小球之间的缝隙穿过。这就提供了能量能够越过空间进行传播的有力证据。

就这样一次看似十分平常的实验，却证实了麦克斯韦关于电磁波存在的预言，并为人类利用电磁波开辟了无限广阔的前景。赫兹的实验公布后，在科学界引起了极大的轰动。由法拉第开创、麦克斯韦总结的电磁理论，至此算是有了结果，取得了决定性的胜利。

在赫兹研究电磁波的过程中，还发现了光电效应，即物质（主要指金属）在光的作用下释放出电子的现象；以及电磁波具有以光波速度直线传播，并与光波一样具有反射、折射、干涉、衍射等性质。除此，赫兹还有许多其他方面的研究成果。

为了纪念赫兹在电磁波研究上的不朽功绩，后人以他们的名字作为频率的单位，以符号Hz表示。1赫兹=1周/秒。

赫兹英年早逝。1894年1月1日，他在久病之后死于败血病，终年37岁。更令人遗憾的是，他在离开这个世界之时，还没有认识到他这个著名实验的划时代意义，认为"这只是验证了麦克斯韦的理论是正确的"。他否认电磁波用于通信的可能性，更没有想到他所发现的电磁波日后竟有如此广泛的用途。

2011年8月

发明无线电报的年轻人
——马可尼与波波夫

当无线电信号"SOS"使无数遭遇海难的人获救的时候，你可曾想起发明无线电报的两位年轻人——马可尼和波波夫？他们是当之无愧的"地球村的英雄"。因为他们的发明，使硕大的地球变成了一个"村落"。

一项伟大的科学技术成果从发现到真正为人类所利用，往往要经过一段很长的时间，需要倾注几代人前赴后继的努力。无线电的问世便是如此。从1831年法拉第发现电磁感应现象，到麦克斯韦预言电磁波的存在，再到赫兹透过闪烁的火花证实麦氏的预言，中间历经了三代人的努力。

即便如此，赫兹直到临死，仍未认识到他发现电磁波的意义。他断然否认利用电磁波进行通信的可能性。他认为，若要利用电磁波进行通信，则需要一面面积与欧洲大陆相当的巨型反射镜，显然这是无法实现的。当时许多科学家也大都认为，电磁波既然与光一样具有直线传播的性质，那么它就不太可能越过球形的地球表面，进行远距离的信息传输。就在这样一个背景下，有关无线电实际应用的探索一

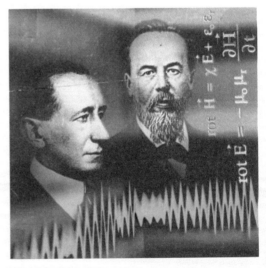

无线电报发明人马可尼（1874—1937）
（左）和波波夫（1859—1906）

度出现了停滞，其空白期竟达7年之久。

但是，"赫兹电波"的闪光，点燃了一些有志追求科学真理的人的智慧火花，照亮了他们不朽的人生征程。在这些人中间，便有功勋卓著的无线电报发明家马可尼与波波夫，是他们从赫兹手中接过接力棒，让电磁波最终投入到造福于人类的实际应用中。

意大利人马可尼和俄国人波波夫都是公认的无线电发明家，但无线电发明人的这顶桂冠到底应该戴在谁的头上，却一直存在争议。这与科技史上其他一些重大发明的发明权之争一样，最终都很难争出个结果来。现在，还是让我们回归现实，来追溯一下那段激动人心的历史吧。

第一个通过无线电波传送电报的人

1895年5月7日，时任沙俄帝国海军鱼雷学校物理讲师的波波夫，在彼得堡宣读了一篇《关于金属屑和电振荡关系》的论文，并当众展示了他发明的无线电接收机。当他的助手雷布金在大厅的另一端接通火花式电波发生器时，波波夫身旁的无线电接收机便响起铃声来；断开电波发生器，铃声立即中止。在这次公开展示后不久，波波夫便正式用收报机作为无线电信号的接收终端，还使用了一根今天被我们称作"天线"的导线搭在由法国物理学家布兰利发明的金属屑检波器上。于是，世界上第一台无线电报机就此诞生。

1896年3月24日，在俄国物理化学学会的年会上，波波夫和雷布金操纵他们自己制作的无线电收发报机，作了一次用无线电传送莫尔斯电码的表演。发送的报文是"海因里希·赫兹"，以此来表示他们对于这位电磁波先驱的崇敬之情。虽然当时的通信距离只有250米，但这份电报却是世界上最早通过无线电传送的、有明确内容的电报。

波波夫，1859年3月出生于俄国乌拉尔地区的一个小镇，父亲是位牧师。波波夫年幼时便表现出了对电工的浓厚兴趣，他曾经用电铃把家里的时钟改装成为闹钟。1877年，18岁的波波夫考入了彼得堡大学的数学物理系，由于家境贫困，靠半工半读完成了学业。29岁那年，从境外传来了赫兹发现电磁波的消息，令他振奋不已。他深有感触地说："如果我一生都不停地去装电灯，也只能照亮辽阔俄罗斯一个很小的角落；如果我能驾驭电磁波，就可以飞越整个世界了。"正是这种隐藏于他内心深处的理想和抱负，以及让科学服务于人类的激情，推动他踏上了研究和开发电磁波的应用之路。

第二年，他便成功地重复了赫兹的试验；1894年，他制成了第一台无线电接收机，从此登上了无线电发明家的宝座。

尽管，由于马可尼先于他取得无线电发明专利，目前欧美诸国普遍认为马可尼是无线电发明人，但波波夫作为探索无线电世界的先驱，同样受到人们的尊敬。在1900年举行的巴黎万国博览会上，波波夫获得了大金奖。1945年，也就是在波波夫逝世39年后，苏联政府把5月7日定为"无线电发明日"，以此铭记这位无线电发明家的不朽功绩。

马可尼——"地球村的英雄"

2001年，是马可尼进行越洋无线电通信获得成功100周年。在一次有马可尼女儿艾莱特拉出席的纪念仪式上，意大利总理贝卢斯科尼提醒人们，不要忘记"全球化"的首位倡导者——马可尼；意大利邮电部部长也称马可尼为"意大利的神话，真正的地球村英雄。"

马可尼是否无愧于这样一个称号呢？这还需回溯一下100多年前的一段历史。

1874年，马可尼出生于意大利博洛尼亚的一个农庄主家庭，从小对音乐和科学都很有兴趣。1894年，曾用实验证实电磁波存在的赫兹与世长辞。那一年，马可尼才20岁。当他从当时出版的一本杂志上看到赫兹的实验报告时，一下子便被吸引住了。他想，既然赫兹能在几米之外检测到无线电波的存在，那么如果我们能把接收机做得再灵敏一点，不也可以在更远的地方接收到无线电波了吗？就是这样一个十分简单、朴素的推理，推动了他去进行一次又一次无线电传播实验。

他把位于格里丰山谷的父亲的庄园作为实验场，在楼上装了无线电发报装置，楼下装了收报装置。开始，父亲认为他这是"不务正业"，不予支持；邻居们也都冷嘲热讽，说他异想天开。可马可尼毫不气馁。直到有一天，正当他父亲在专心看报时，忽闻一阵铃声从马可尼的收报装置里传出来。他父亲尚不知发生了什么事情，只听马可尼高兴地喊了起来："我成功了！"

马可尼的首战告捷，改变了他父亲的态度。父亲开始给了他一些财力支持，使他的实验能继续进行下去。但进一步的试验却需要大量资金，而意大利

1896年，马可尼在演示他所发明的无线电装置

政府对此并无热情，不但不给支持，反而认为马可尼是一个骗子。无奈，马可尼只好于1896年2月远走他乡，投奔英国。

就在马可尼到达英国的那一年9月，他在索尔兹伯利平原成功地进行了一次无线电通信实验，传送距离是2.7千米。1897年3月，他把天线挂在风筝上，又进行了一次通信距离为6～7千米的无线电通信试验。他再接再厉，终于在同年5月，成功地进行了跨越布里斯托海峡的无线电通信实验，全程14.5千米。

1897年7月20日，他注册成立了马可尼无线电报公司，由此迈出了无线电通信商业化的重要一步。

1899年，马可尼在他的无线电报机上使用洛奇发明的电容和线圈振荡电路以及法国人布兰利发明的粉末检波器，使不同电台可以在各自不同的频率上工作而互不干扰。为此，他在1900年再次申请到7777号专利，取得又一次关键性突破。

当时很多人都认为，由于电磁波与光一样都是沿直线传播的，它的传送距离必将受到地球曲率的影响，至多只能达到160～320千米。但马可尼基于他的实验，认为无线电波是沿地球表面弯曲传播的。1900年，他精心设计了一个横跨大西洋的无线电实验，发射站设在英国的康沃尔半岛的普尔图，接收站设在加拿大的纽芬兰岛上。1901年12月12日，马可尼在纽芬兰岛终于从嘈杂的声

马可尼建在加拿大纽芬兰岛上的无线电信号接收站。1901年12月12日，这里收到了从英国发来的代表"S"的信号，从而宣告跨越大西洋的无线电通信获得成功

音中辨认出了用三个点代表的"S"信号，首次成功地实现了跨洋无线电通信，通信距离达到了2500千米。这一天，被认为是无线电广播大规模发展的起点。

无线电的发明一下子便大大缩短了人与人之间的距离，使得"天涯若比邻"这一古人浪漫的宿愿逐渐变成为现实。从这一点看，人们把马可尼称为"真正的地球村英雄"，也是恰当的。

1909年，马可尼与德国物理学家布劳恩共同获得了年度诺贝尔物理学奖。

1937年7月20日，马可尼在罗马去世。意大利政府为他举行了国葬，有近万人前来为他送葬。为了表达对他的敬意，那一天意大利全国的无线电报、无线电话以及广播等业务停业2分钟。

《科学阅读》2012年8月

开启"手机"历史的一段佳话

如果你想知道而今风靡全球、姿态万千的手机有着怎样的前世、今生，又是由谁把它带进这个世界的，那么就请你浏览一下下面这段有趣的故事。

你相信吗？而今正在改变世界的移动电话手机，它的历史却始于一个玩笑，一次两个竞争对手之间漫不经心地通话。

其貌不扬的"白匣子"

1973年4月3日，星期二，在纽约曼哈顿的克里顿大道上，一名男子拿着足有两块砖头大小的"白匣子"在与别人通话。这个"白匣子"其貌不扬，重约1.5千克。尽管它显得有点笨拙，却可以拿着它边走边通话。仅此一点，便足以引来众多路人的目光，令人仰慕不已。

这个按动按钮、用"白匣子"打出第一个电话的人，便是摩托罗拉公司的一名研究人员马丁·库珀。电话是打给他的竞争对手乔尔·恩格尔的。恩格尔当时在有名

"手机之父"马丁·库珀

的贝尔实验室工作，也在致力于移动电话的研究。早在1946年，贝尔实验室便已造出一部移动电话，但由于过于庞大而无法投入实际使用。久而久之，人们早已把这段历史给淡忘了。

现在事隔多年，马丁·库珀已记不清首次用"白匣子"通话的具体内容了，但这次不经意的通话却开创了人类使用移动电话之先河，被载入了史册。马丁·库珀也由此获得了"手机之父"的美誉。

马丁·库珀的发明，由于形状有点像靴子，因此有人开始便称它为"靴子"，后来，摩托罗拉公司给它取了一个正式的名字，叫Dyna Tac。许多其他国家随后也用上

马丁·库珀和他发明的"白匣子"——手机

了这种移动电话，但在为它取名上却颇费心思。土耳其称它为"裤兜电话"，冰岛称它为"小绵羊"，瑞典一度称它为"泰迪熊"……据说，今天它的比较普遍的称谓手机（Handy），则源于德国电信公司1988年举行的一场电脑风暴比赛。

回忆这段历史，马丁·库珀说："当时我们认为，世界已进入个人通信时代，而手机是发展个人通信唯一可作的选择。"

席卷全球的"手机风暴"

马丁·库珀怎么也没有预料到，他发明的手机竟然会像脱缰的野马一般"疯狂"地发展起来，使全世界3/5以上的人成为它的用户。

手机从发明到拥有10亿部销量，差不多用了20年的时间；但从10亿部到20亿部只用了4年时间；从20亿部到30亿部只用了2年时间！这种增长速度，是汽车、冰箱乃至电视机所望尘莫及的。现在，全世界的移动电话用户已超过40亿，其中2/3分布在发展中国家。截止到2011年3月，我国的手机用户已超过8.7亿，是世界上拥有手机最多的国家。

手机正在改变世界。它不仅给人们带来移动生活方式，也开创了一代新的

手机文化、手机时尚。

手机让许多生活在偏远地区的人第一次实现了远距离通话；手机大大加快了信息的流通、促进了全球GDP的增长和跨国、跨地区贸易的活跃；手机为人们定位、导航，指点迷津；手机正在替代钱包，成为许多人乐于尝试的支付手段；手机短信冷落了多年来兴盛不衰的贺卡市场，成为人们节日互致问候之首选；手机将成为实现远程医疗的重要工具，架起医生与患者之间的一座座桥梁……

短短的30多年时间里，手机早已从笨拙的"大哥大"变成为剔透玲珑的"掌中宝"。为各类人群所量身定做的个性化手机新品迭出，美不胜收。手机早已不再是单纯的通话工具，它已经成为功能多样的数字化"瑞士军刀"。它无处不在，无远弗届，一种崭新的手机文化正在引领时尚，改变人们的生活。

音乐和游戏，是手机用于娱乐的两大趋势。它正在填充人们的旅途生活和休闲时光；手机拍照、手机电视、手机报纸等的接连登场，使手机戴上了"第五媒体"的桂冠。手机不仅改变了人们获取信息的传统方式，而且还使人们可以成为"记者"，参与新闻的报道。移动互联网技术更使手机成为互联网终端，让手机用户享受到网上浏览、音乐下载、网上购物、炒股等种种便利……手机真是无所不能，它印证了一句广告语"一机在手，走遍全球"。在不断翻新的手机种种应用面前，我们仿佛看到它骄傲地在说："我能……"

从1G到4G

人见人爱的移动电话，从开始进入我们的生活到现在，只有短短的20多年时间。可由于技术的进步以及人们对它越来越高的要求，促使它不断演变。至今，它已经历了采用模拟技术的第1代和采用窄带数字技术的第2代，进入了采用宽带数字化技术的第3代。在我国，2009年1月7日3G牌照的发放，标志着"3G时代来了！"

G就是英文Generation的第一个字母，是"代"的意思。3G就是第3代。约定俗成，现在只要提到3G，人们便知道是指第3代移动通信。

说到1G，人们不由会想起有两块砖头那么大的"大哥大"。在当年，它是奢侈品，是"身份"的象征。但第1代手机的功能却十分单一，主要就是"通话"。

提到2G，大家或许还能记起"全球通，通全球"这句广告词。由于实现了数字化，第2代移动通信的功能有了很大的扩充，除了通电话之外，又增加了发短信、玩游戏、开设语音信箱、漫游、上网等功能。数字化还使手机的发射功率降低，变得更环保，更小巧玲珑了。

那么，3G比之2G，又有什么进步呢？主要是它的高数据传输能力，以及由于使用全球统一的频率，可以方便地实现全球漫游。"一机在手，走遍全球"，在3G时代不只是一句口号，而是普遍的现实。

3G刚刚开局不久，我们便听到4G的脚步声已经响起。媒体报道，2009年12月，世界上第一个4G网络已经在瑞典投入商用。2010年6月，中国移动也已推出4G终端产品。看来，4G已经进入百姓的视线，并急步向我们走来。

对于4G，现在还没有一个统一的定义，但可以肯定，它将为我们创造一个比3G更加精彩的无线通信世界，给我们提供一些至今还不一定想象得到的应用。

4G在移动状态下的最大数据传输速率可达100兆比特/秒。传输速率的大幅度提升意味着什么呢？意味着上网速度要比现在的拨号上网快2000倍；意味着可以通过手机观看高清晰度的电影和

功能齐全、姿态万千的现代手机

电视；使得用手机实现电视会议服务和虚拟现实服务等成为可能。4G系统的发射功率只是现有系统的1/10～1/100，因而更环保，更能较好地解决电磁污染问题。

预计，到2015年，4G将全面投入商用。到那时，手机这把数字"瑞士军刀"将能够做更多的事情，如实现在移动状态下的远程健康监护、远程医疗、远程教学等，或许，它还会把你的电脑给淘汰掉，使你通过无线键盘在家里进行无线办公呢！

2011年11月

此曲只应天上有
——无线电广播的开始

"此曲只应天上有，人间能得几回闻"。

我们应该感谢无线电广播的发明，因为是它把万籁之声传遍全球，飘然进入每个人的耳际。

无线电广播的先驱雷金纳·费森登（1866—1932）。1906年，他成功地进行了人类历史上第一次语音和音乐的无线电广播实验

1906年圣诞节前夕的一个晚上，停泊在美国新英格兰海岸附近的几艘船只上，无线电报务员突然从耳机里听到一个男人说话的声音，讲的是圣经中圣诞的故事；紧接着，又传来优美的小提琴曲和对人们的圣诞祝福……几分钟过后，又恢复到与往常一样，耳机中响起了报务员所熟悉的滴滴答答的莫尔斯电码的发报声。这突如其来的说话声和乐曲声使无线电报务员又惊又喜，心想，难道这是从天上飘来的"仙曲"不成？令他们万万没有想到的是，他们所听到的竟是世界上第一次无线电广播。

这首次无线电广播是由费森登进行的。广播信号发自他建于马萨诸塞州的实验无线电电台。实验中，他碰到的第一个难题就是如何产生一种能把声音传送到远处去的稳定的、持续发射的电磁波。为此，他发明了高频发电机，用它来产生高频电流，用高频电流载带声音，实现远距离传输。1907年，美国物理学家福斯特发明了真空三极管，为无线电信号的发射、放大和接收提供了有效的解决方法，从此无线电广播便进入了实用阶段，并迅速地发展起来。

第一个春天

1920年6月15日，马可尼公司在英国举办了一次"无线电—电话"音乐会。音乐会上演奏的优美动听的乐曲不仅通过无线电波为英国的民众所接收，还传到了法国、意大利和希腊等国。同年10月，美国威斯汀豪斯公司在匹兹堡建立了世界上第一座商用广播电台——KDKA电台；11月2日，KDKA电台开始进行商业广播。首次播送的节目是哈丁·科克斯总统选举，这件事引起了一时的轰动。

1922年11月14日，英国2LO广播站（后改名为英国广播公司）开始播音；同年，法国也在埃菲尔铁塔开始设站广播；苏联、德国也都相继建立了自己的广播系统。一时间，风生水起，广播成了当时欧洲大陆的一个庞大通信系统。

在第二次世界大战期间，它更是发挥了重大作用，是各国军械库中的一种新式的重量级"武器"。

广播给人们带来听觉的盛宴，令很多人爱不释手。20世纪30年代，美国2/3的家庭已经拥有收音机，可见其普及之快。广播也成为那个年代的时尚。1934年芝加哥博览会开幕式上，组织者便别出心裁地请美国海军部长伯

1920年7月，丹麦男高音歌唱家劳瑞兹·米尔齐奥在马可尼公司的彻尔姆斯福特工作室进行广播

德从南极发来广播信息，以此作为启动世博会焰火燃放的指令。

作为一种新颖的大众媒体，无线电广播很快便显示出了它的非凡影响力。其中，1938年美国新当选总统罗斯福在各大电台开设的《炉边漫谈》系列节目，便是一个典型的例子。通过它，罗斯福不仅展示了他的亲民形象，还为他

推行新政助上一臂之力。

关键性人物及其发明

在无线电广播迅速进入实用化的过程中，福雷斯特1896年发明的真空三极管起到了关键性的作用。有了真空三极管，便可以产生功率强大的高频无线电信号，它可载带着音频信号，把语音信号传输到很远很远的地方去。另外，由于真空三极管具有放大信号的作用，它便成了收音机的心脏，解决了无线电信号的远距离接收问题。

无线电广播开播后的头15年左右时间里，由于摆弄收音机的人寥寥无几，其前景并不十分乐观。然而就在这个时候，美国马可尼公司的一个名叫萨纳夫的年轻无线电报报务员提出了一项颇具创意的建议。他建议把收音机设计成一个简单的"无线电音乐盒"，通过开关或按键可选择不同波长的广播。公司很快便采纳了他的建议，生产出了这种"音乐盒"，投放市场后果然大受欢迎。

1923年，在一列从英国伦敦开往利物浦的列车餐车上，人们好奇地从新展示的无线电广播中听到美妙的乐曲

说到收音机，还不能不提到一个悲剧性的人物阿姆斯特朗。这位早慧的天才发明家发明了超外差电路，使得两个频率相近的信号在接收机里避免发生彼此干扰，从而使收音机能分别接收不同频率的广播。可是在专利诉讼中他却打输了官司。在屡经挫折，最后落得个一贫如洗的境地后，他万念俱寂，终于在1954年1月31日以坠楼结束生命。所幸的是，由于其遗孀的不断上诉，1967年法庭终于翻案，承认了阿姆斯特朗的发明。阿姆斯特朗也因此获得爱迪生奖，并被列入美国名人堂。

泰坦尼克号与SOS

　　电影《泰坦尼克号》是爱情与人性的赞歌。但却很少有人知道，在科技史上，它也是一曲令人扼腕的悲歌。由于通信的延误所酿成的这场灾难夺走了上千人的生命，但它也唤醒人们，为推动通信技术的发展作进一步的努力。

　　1998年，一部《泰坦尼克号》再一次把发生在80多年前的一场空前劫难搬上了银幕，使全球很多人为之震撼；一份泰坦尼克号沉没前拍发的电报记录稿，竟也以11万美元的高价拍卖成交。一时间，街谈巷议，"泰坦尼克"成了一个热门的话题。在那被尘封多年、扑朔迷离的往事中，有一桩是与通信有关的。不仅有关，还对惨剧的酿成和发展起了关键性的作用。那就是当时船上装用的莫尔斯电报机和它拍发的求救信号SOS。

2012年4月发布的3D版《泰坦尼克号》电影海报

航行中的"泰坦尼克号"豪华客轮

"泰坦尼克号"是由英国一家有名的造船公司建造的大型豪华客轮，1911年5月31日下水，次年4月在作处女航时与冰山相撞沉没。当时船上共搭载乘客和船员2208人。此次海难使1500余人丧生，是历史上最大的海上事故。

在"泰坦尼克号"豪华客轮上，装备有马可尼公司制造的无线电报设备。按理来说，通过无线电设备，它有足够的能力获取各种有关信息，使自己摆脱险境。即使无法挽回沉船之厄运，也能"唤来"援兵，使船上的生命获救。可是，"泰坦尼克号"触冰当天，无线电发报机却碰巧出了故障。船上的报务员费利拨斯和他的助手布兰特整整检修了7个小时。等到设备修复，乘客待发的电报稿已堆积如山，报务员又忙于应付这些电报。而当时，海上冰山和流冰已十分活跃，可谓危机四伏。对于这类险情，航船之间通常是会通过无线电报交流的。但"泰坦尼克号"却对此充"耳"不闻，直至进入危机时刻仍未察觉。它成了一个与外界隔绝的"聋子"，在险情丛生的大海中独自漂泊。可怕的事情终于发生了：1912年4月14日23时45分，"泰坦尼克号"在加拿大纽芬兰岛以南约200千米的大西洋海域与冰山相撞，右舷船底严重受损，沉没已成定局。10分钟后，船长下达了发送求救信号的命令。开始发的是CQD信号，后经助理报务员布兰特的提醒，才改发新的求救信号SOS。

这时，如果离"泰坦尼克号"只有几英里的"加利福尼亚号"闻讯赶到，船上的人均可得救。可是，这条船上的报务员已进入梦乡，未能收到"泰坦尼克号"发来的求救信息。幸好，这个求救信号被远在纽约的无线电爱好者萨洛夫接收到了。他果断地通过无线电广播向全世界通报了这一震惊的消息，从而导演了一幕"远水救近火"的大营救。直到黎明，"卡帕蒂阿号"才赶到了出事地点，仅救出705条生命，其余的1503人皆葬身鱼腹。

这里，还有一桩极富戏剧性的轶闻：在被邀参加"泰坦尼克号"处女航的贵宾中，就有诺贝尔奖得主、大名鼎鼎的无线电报发明家马可尼和他的夫人。可是，马可尼当时为了吸纳美国无线电公司，已于3天前乘坐"罗西塔尼亚号"出发了；其夫人则因儿子生病滞留在英国，这当然是件巧事儿。有人说，即使马可尼夫妇乘坐了"泰坦尼克号"首航，他也不会死。因为他是头等舱乘客，沉船之前会优先登上数量有限的救生船安全离去。也有人说，可能由于马可尼的在场，历史将会被改写。因为沉船事件与电报机的故障有关。而在马可尼面前，电报机的故障定会"手到病除"。当然，再多的"假设"，再多的"或许"，也都无济于事了。在"泰坦尼克号"沉没的历史事实面前，所有这一切都只能化作一声长叹、万缕哀思。

"泰坦尼克号"的悲剧，似诉似泣。它告诉我们，通信与航海安全、通信与人类的生命有着多么紧密的关系！通信不能中断，通信必须畅通。后来，吸取"泰坦尼克号"的教训，不仅越来越多的船只安装了双备份的无线电报设备，而且还实行了全天候的无线电信号监听。

那么，什么是SOS呢？

看过电影《尼罗河惨案》的人或许还记得，大侦探波罗在洗脸间里发现有人放了一条眼镜蛇。在这危急时刻，他敲击墙壁，向隔壁房间里的助手发出一个信息。助手闻讯立即赶到，用利剑刺死了眼镜蛇，使波罗脱险。波罗击壁发出的是什么信息呢？原来，这就是国际通用的呼救信号"SOS"。

关于为什么选用SOS作为国际统一的呼救信号，有种种猜测。有人说，SOS是Save Our Souls（救命）或Save Our Ship（来救我们的船啊）一词的缩写。其实不然，它的来源十分平常。在1906年召开的首届无线电会议上，东道国德国提议使用他们在船只上一直使用的SOE作为呼救信号。他们的提议尽管受到了重视，但是人们考虑到在莫尔斯电码中E只是一个点，表现起来不是十分令人满意，因此经多次争论选中了SOS（···－－－···）。它不仅好记，还可首尾相接，连续播发，被认为是一个理想的呼救信号。

大海，常常是风狂浪急，变幻莫测的。古往今来，不知有多少远航的船只被它的"盛怒"所折服，落得个桅断船翻，无数生灵因此而葬身于海底。直到1895年，马可尼和波波夫分别发明了无线电报机，并开始用莫尔斯电码传送信息，才使航海者有了科学的"保护神"。

无线电报是一种利用电磁波来远距离传送信息的工具。它一经问世，很快就被用作于海上船只之间以及海上与陆地之间的通信。这是很容易理解的。因为，海上难以架设有线线路，况且航船又是漂泊不定的，只有无线电波才能"随波逐流"，擅长于担任海上通信的任务。后来，无线电报果然在海上救援活动中屡建奇功，使它很快便声名远扬。

SOS——航海者的救星

1900年3月的一天，在波罗的海作业的一群渔民遇险。在生命垂危的时刻，他们用无线电报机拨发了求救信号。这个信号为"椰马克号"破冰船所接收，从而使渔民们化险为夷。1909年1月23日，在浓雾中"共和号"轮船与驶往美洲的意大利"佛罗里达号"相撞。30分钟后，"共和号"发出了无线电遇险信号。它穿越雾海，为航行在该海域的"波罗的号"所截获。"波罗的号"很快赶到了出事地点，使相撞的两艘船上的1700条生命得救……近一个世纪来，与上述类似的激动人心的事例不胜枚举。它记载着莫尔斯电报和SOS的丰功伟绩。

无线电波，来无影，去无踪。可是，由于它的存在却令孤帆不孤，使成千上万在沧海中漂泊的生灵更加充满信心和希望。

莫尔斯电报已经在海上"服役"了近一个世纪。1999年2月1日，它满载着荣誉与人们依依惜别。从此，辽阔的海疆上再也听不到莫尔斯电报发出的"滴滴滴，嗒嗒嗒，滴滴滴"（SOS）的声音。

"江山代有才人出，各领风骚数百年"。那么，又有谁有资格成为SOS的"接班人"呢？那就是以国际海事卫星为依托的"全球海上遇险和安全系统"，英文缩写是GMDSS。

GMDSS不是像SOS那样的呼救信号，而是一个以国际海事卫星为依托的救援系统。它由全球遇险报警系统和全球海事卫星通信系统两部分组成。在海上航行的船舶一旦遇有不测事件时，只需按一下船上的"遇险"按钮，"遇险报警系统"就会把事故发生的时间、船舶的航行位置以及识别标记等数据自动发送出去，每4分钟重复一次，直到确认已被全球海事卫星通信系统接收为止。当有人员落水或发生船舶沉没的情况时，一种能够自浮的应急无线电示位标便会自动启动，发出导航数据；救生设备上的雷达应答器也会对前来营救的船只或飞机上的雷达作出响应，配合救援行动。

遇险报警系统所发出的信号，被全球海事卫星通信系统所接收，并迅速发送到出事地点附近的海域与陆地。这些信号包括报警信息以及有关船舶位置等数据。全球海事卫星通信系统还为所有船舶提供"船到岸"和"岸到船"两个方向的通信，可传送包括语音、数据、传真等多种类型的信息。

由于GMDSS是建立在卫星通信技术、数字技术和计算机技术基础上的先进系统，在船只遇险时，不仅能在更大的范围内，更迅速、更可靠地发出救助信息，还能以自动、半自动的方式取代昔日的人工报警方式。可以想见，如果当年的"泰坦尼克号"上装备了这样的设备，那样的惨剧就不会发生了。

SOS与我们告别了。或许今后我们还会追忆它不可磨灭的历史功绩，在反映某个历史事件的电影或电视剧中又一次听到它那"滴滴滴，嗒嗒嗒，滴滴滴"的声音，但作为一个时代，它已经一去不复返了。

《知识就是力量》1996年第7期

一个伟大的预言
——克拉克与卫星通信

　　幻想往往是科学的前导。

　　科幻作家克拉克在他的科幻作品里曾经预言的卫星通信、人类登月以及太空梯、太空帆等多项技术，有的已经实现，另有一些也已曙光初现、触手可及。

　　可能在很多人看来，科幻作家对未来的想法都有点离谱，甚至是"疯狂"。但如果仔细翻一翻人类科学技术发展的历史，或许我们会改变这种看法。而且还会被一些科幻作家的惊人洞察力和预测未来的奇异能力所折服。

　　著名法国科幻作家儒勒·凡尔纳在1854—1904年创作的80部小说中，便预见了太空旅行，还预言大型潜艇、直升机、电子游戏的出现；英国科幻作家威尔斯1933年便在他的科幻作品《未来世界》中，想象出了从潜艇发射弹道导弹的情景；《星河战队》的作者罗伯特·海因莱因很早便提出了有关手机的设想，等等。这些都是科幻作家对科学技术发展的超前思维。

　　今天，数以千百计的人造地球卫星在不同的轨道上绕地球旋转，给我们带来了越洋通信、电视直播、全球定位等彻底改变人类生活状况的超值享受。不知你是否知道，最早预见人造卫星出现的也是一位科幻作者，他便是大名鼎鼎的阿瑟·克拉克。

"宇宙飞船克拉克"

　　1917年，阿瑟·克拉克生于英格兰西部的海滨小镇迈因赫德。他父亲是一名工程师，早年曾在英国军队里服役，退伍后在家乡定居，经营一处农场。

克拉克自幼便对宇宙空间怀有浓厚的兴趣，因而同伴们送他一个外号，叫"宇宙飞船克拉克"。1936年，克拉克中学毕业后来到伦敦，成为英国星际学会的发起人之一；1937年，他与另外一些人联名创立了科幻小说协会，开始科幻小说的创作；1941年，他应征入伍。

克拉克一生创作了90多部科幻小说，获奖无数。其中，《星》《与拉玛相会》《天堂的喷泉》获得雨果奖。1968年，他出版了著名的科幻作品《2001：太空奥德赛》；1972年，他写作的《太空探险》一书，获国际幻想奖。

预言卫星通信的第一人

1945年，也就是克拉克在英国皇家空军服役的最后一年，他在英国的《无线电世界》杂志上发表了一篇名为《地球外的中继》的论文。在这篇论文里，他预言：人造地球卫星将成为人类进行远距离通信的地外中继站，还论证了利用卫星进行通信的可行性。

克拉克在分析短波通信的诸多缺点的基础上，看到了波长更短的微波在信息传递上的潜力。但微波是直线传播的，不可能在地球表面绕行，要进行远距离传输，只能在地面上沿途架设一座座铁塔，一站

预言卫星通信的第一人——阿瑟·克拉克（1917—2008）

一站地接力传输，这无疑限制了它能力的发挥。

克拉克于是提出了这样一个大胆的设想：如果我们在距地面36000千米的赤道上空设立一个转播站，并让它与地球的自转保持同步，那么由它转发的无线电波将会把地球40%的表面覆盖；如果以120°间隔放置三个这样的转播站，便能覆盖全球，实现全球范围内的通信。

克拉克进而分析了利用人造地球卫星进行通信的可行性，并设计了一系列地球同步卫星。他还提出，卫星通信是唯一能实现全球覆盖的通信方式；由于微波波段的频带宽，在使用多波束的情况下，通信的信道数几乎不受限制；外加它功率小、成本低，因而前景十分诱人。

姗姗来迟的荣誉

1957年，也就是克拉克预言卫星通信后的第12个年头，苏联发射了世界上第一颗人造地球卫星，正式拉开了航天时代和卫星通信时代的序幕。1960年8月12日，美国发射了世界上第一颗无源通信卫星"回声1号"；1960年10月4日，美国又发射了一颗"信使"1B卫星，首次使用放大器进行了传送圣经和图像的中继试验……

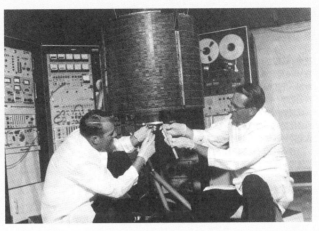

世界上第一颗商用通信卫星"晨鸟号"于1965年4月6日升空。这是升空前工程师们在对卫星进行调试

卫星通信以其独有的魅力，很快便风靡全球。这一切，都印证了克拉克当年的预见。今天，在地球上的每个角落，包括珠穆朗玛峰和南北极，几乎没有卫星通信所到达不了的地方。为了纪念克拉克的历史功绩，国际天文协会已经把42000千米高度的同步卫星轨道命名为"克拉克轨道"。

克拉克是一个著名的未来学家，他不仅预言了卫星通信，还惊人准确地预言了人类将在1969年6月前后完成登月之壮举。美国航空航天局的科学家们几

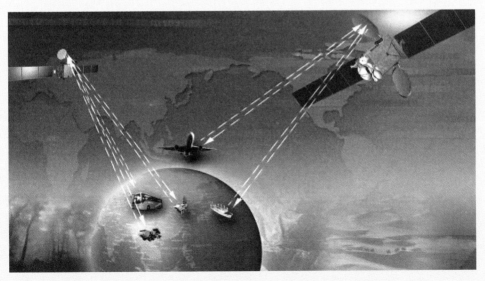

卫星通信可以在飞机、汽车、船只等移动体之间建立通信联络。这是卫星移动通信的示意图

乎都读过克拉克的科幻小说，他们赞誉克拉克为他们"提供了促使我们登月的最基本动力"。克拉克还预言了"太空帆"和"太空梯"等当今最热门的技术。

克拉克认为，"任何足够先进的科学，看上去都与魔法神力无异"。而构建科学技术与魔法神力之间的等效关系，正是克拉克最伟大的创见。

卫星通信在抗震救灾等应急情况下独显优势

克拉克在1954年访问斯里兰卡时，立刻爱上了这个国家。1956年，他正式定居斯里兰卡。他的大部分科幻作品都是在那里完成的。在此期间，他虽然曾获得过不少荣誉，但也蒙受过一些不白之冤。早在1998年，英国女王就决定授予克拉克爵士称号，但是由于当时《每日电讯报》发表了一些对他"恋童癖"的指责，使授予证书的事就此搁置下来。后经警方调查，终于还克拉克以清白。2000年5月26日，在斯里兰卡首都科伦坡的住所里，克拉克终于从英国驻斯里兰卡高级专员手中，接过了这姗姗来迟的爵士证书。这一年，克拉克已是82岁了。

克拉克一生创新不断，但却从未为某项技术理论申请过专利。这在克拉克的一篇题为《通信卫星简史——我是如何在太空失去10亿美元的》文章中有所阐述。虽然他错过了许多通过专利获益的机会，但却在他享有盛名的科幻领域获利甚丰。他的一部长篇作品只需交出提纲，便可获得上百万元的预支稿酬。

2008年1月19日凌晨，克拉克在斯里兰卡的一家医院逝世，享年90岁。他不仅著作等身，留下被译成许多国家文字的传世作品，也留给人们有关科学精神的宝贵启迪。克拉克曾经说过："大多数科幻作家都希望自己的预言可以实现，而我则希望我所预言的一些事情不会实现。"因为他的有些预言是针对人类发展中的问题提出的，是出于科学家的良知。他警告人们要未雨绸缪，防患于未然。

不断升级的"猫"和"鼠"的游戏

　　80年来，在各国争夺制空权的斗争中，演绎着一幕又一幕"猫"与"鼠"的游戏。真可谓"道高一尺，魔高一丈"。这是人类智慧的角逐，高技术的生死较量。

　　飞机，曾被认为是天空的"霸主"。在战争年代，它更是作战双方争夺制空权的利器。后来，它虽也受到高射炮一类武器的威胁，但第二次世界大战之前，平均5000颗炮弹才能击落一架敌机，命中率很低，因而仍难以动摇飞机作为空中霸主的地位。

　　可是，这种状况从1935年起便发生了变化。由于雷达的发明，便使得这空中霸王在电磁波的搜索之下尽显形迹，厄运也就随之而来。半个多世纪来，雷

第二次世界大战时使用的雷达（1943年）

163

达和飞机都在实战中不断完善自己，一次次地比试高低，上演了一幕幕花样翻新的"猫"与"鼠"的游戏。

第二次世界大战中克敌制胜的利器

1935年雷达发明后不久，便爆发了第二次世界大战。当时的盟军立即看到了雷达在战争中的重要作用，很快便用雷达装备了空防部队以至于军舰。

当时，潜水艇曾是希特勒手中的一张王牌。它神出鬼没，曾一度横行海域，令盟军战舰心惊胆寒。雷达出现打破了这种局面。纳粹潜水艇的潜望镜成为盟军雷达搜寻的目标；加上雷达与飞机、驱逐舰的有效配合，常使德军的潜水艇难以藏身，被打得措手不及，最终葬身于鱼腹。据统计，仅1943年5—6月的1个月中，盟军就击沉了德军潜艇100艘；在德军配备的1174艘潜艇中，就有785艘是被雷达发现而后击沉的。

同样，雷达也在空战中大显神通。例如，1940年8月，德国出动了大批轰炸机袭击英国。可是还未到达英国本土，它们便被有一双双火眼金睛的雷达所跟踪。通过雷达，英军对来犯的敌机的架数、航向、航速以及飞抵英国领空的时间都掌握得一清二楚。许多德国飞机还没来得及实施轰炸，甚至还未抵达英国领空，便被英国空军和炮兵的炮火准确命中。仅一个月，德军便损失了950架飞机。

1940年9月15日，德军又出动了500架重型轰炸机扑向英国，同样受到英国空军雷达网疏而不漏的监视。英军只出动了少数架次的战斗机，便一举击落了德军185架飞机，取得了这次空战的大捷。

在雷达出现之前，夜战是十分艰难的。很多兵家都不敢冒此大不韪而实施应战。但有了雷达之后，无论是在夜间，还是在大雾弥漫的恶劣天气条件下，雷达都可以找到袭击的目标，对敌方实施有效的打击。

在战争中，科学的利器也不可能永远只为一方所掌握。雷达也是如此。第二次世界大战开始后不久，德国也开始研制并掌握雷达技术。于是，摆在盟军科学家面前的，又多了一项反雷达的研究任务。

1943年8月，一队苏联空军奉命空袭德国汉堡。飞机上除了装载着常规弹药外，还携带了一种从未使用过的"秘密武器"——锡箔。当飞机离目标尚有几十千米时，便将所携带的锡箔撒向空中。原来，这些锡箔都具有反射无线电

波的功能，于是，星星点点
的反射波便扰乱了德军雷达
的显示屏，使他们辨不清哪
个是真正的目标，因而也就
无法进行有效的拦截。直到
盟军大反攻部队兵临柏林城
下，德国人还是如坠五里雾
中，不知道是一种什么样的秘
密武器使苏军的飞机躲过雷
达，如入无人之境。

"背"着雷达飞行的预警飞机

　　1944年6月，美英联军进行了举世闻名的诺曼底登陆。在登陆前一个月，
他们对德军实施了"无线电欺骗"，用电磁波制造了种种迷惑敌人的假象。同
时他们在布伦地区用装有干扰设备和铝箔条的飞机对德军的电子设备进行干
扰，使之形成一系列错觉。尽管后来敌方的残存雷达还是发现了美英联军的真
正作战意图，却为时已晚，错失良机。

　　在第二次世界大战中，雷达的应用对战争的进程发挥了重要的作用。它有
力地说明，敌对双方在电磁波领域的激烈争斗，已经构成现代战争的一个重要
组成部分。

能在雷达照射下遁身的隐形飞机

　　1986年11月7日夜晚，一架夜航的美国空军训练飞机坠毁于加州的贝克菲
尔德上空。当记者闻讯赶来采访时，现场早已被一些表情严肃、荷枪实弹的美
国大兵所封锁。记者们猜测，这件事发生在隐形飞机研制基地，一定与美国正
在研制的最先进的隐形飞机有关。

　　1988年11月20日，在美国国防部举行的记者招待会上，正式公布了一种被
命名为F-117A的新研制的隐形战斗机的图片。从此，隐形飞机便从幕后走到
了前台，进入普通百姓的视野。

　　隐形战斗机的研究重点，主要是在雷达探测下的隐蔽能力。由于雷达发现
目标是靠接收从目标反射回来的回波实现的。因此，要实现"隐形"，就必须
使飞机在雷达作用下反射的回波足够小。

F-117A从外形上看，就像是一只黑色的大蝙蝠，尾翼成燕尾形，无任何外挂物；机身和翼面的交界处均为弧面，形成"融合过渡"；另外，在其机身涂有吸波材料，可以吸收照射在它上面的部分雷达波，并将电磁能转化为热能散失掉……如此种种，都是为了一个目的，那就是当飞机在被雷达波照射时，最大限度地降低反射波的强度，使它不被发现。

F-117A投入使用后屡试不爽。1989年12月18日，它在入侵巴拿马的作战行动中，轻而易举地避开了巴拿马防空部队的雷达探索，突袭驻扎在奥阿托的巴拿马士兵；在1991年爆发的海湾战争中，它又曾悄悄越过伊拉克边境，对其境内80个重要军事目标发起攻击……

隐形飞机是雷达的克星。数十年来，它已成美国巩固其空中优势，谋划高科技战争的重要策略支柱。隐形飞机已几度更新，其隐形技术也是一代胜过一代。

道高一尺　魔高一丈

正当世界各国的主力战机竞相采用隐形技术之时，雷达技术的进步又打破了隐形飞机独步蓝天的美梦。

反隐形技术包括VHF和UHF雷达和一种被称为"被动探测"的系统。后者是利用雷达、电视、手机和其他偶然被飞机反射回来的信号发现并跟踪飞机的。

目前，雷达采取的反隐身措施主要是通过增强雷达探测隐身目标的能力和抗干扰能力来实现的。首先是增大雷达的发射功率和提高从杂波中提取小信号的能力；另外，利用隐身目标表面吸波涂料吸收电磁波的功能，加大雷达发射功率，使隐形目标因主动吸收大量电磁波而发热，致其电子设

装备了雷达导航系统的机场指挥塔

备失灵，招来"杀身之祸"。

更加可怕的是，雷达正在由探测工具发展成为一种武器。20多年前，轰炸机的雷达便能产生足够能量的噪音干扰，并烧毁前来截击的战斗机的部分电子设备。而今，它的这种"武器功能"已进一步得到了加强，一种有源相控阵（简称AESA）雷达，能够在相当长的时间里产生足够高的平均功率，因而具有很强的破坏性。使用这种颇具杀伤力的雷达可以对付巡航导弹、空对空导弹以及反雷达武器。随着来袭者离己方距离的缩小，雷达聚焦于袭击物的能量也就不断增大，反击效果也就更好。

现在，不但很多战斗机上装备了具有攻击能力的雷达，就连一些反潜鱼雷上也携带AESA雷达。AESA雷达不仅具有防御导弹袭击的功能，还可针对敌方导弹、计算机主动发起攻击，使导弹失去对目标的"兴趣"，使计算机陷入一片混乱……

雷达与飞机，以及后来的导弹，它们之间这种此消彼长的"猫鼠游戏"，已经经历了多个回合，真可谓"道高一尺，魔高一丈"，互不相让。科学技术就是在这样的生死较量、一决雌雄的过程中，一步步在向前发展的。据2011年11月1日俄罗斯《晨报》报道，美国正投入超过35亿美元的重金打造由地面雷达网组成的"太空篱笆"，一期工程预期在2015年投入使用。这项计划旨在发现和检测地球轨道上潜在的危险目标，包括敌方间谍卫星、军用飞船以及令人头痛的太空垃圾等。由此可见，"猫"与"鼠"的游戏正在向太空延伸，或许好"戏"还在后头呢！

2011年11月

从杜达耶夫之死说起

卫星导航定位，已无处不在，"无空不入"。试看浩瀚太空，美国的GPS、俄罗斯的GLONASS以及我国的"北斗"等卫星定位系统正争奇斗艳，各施所长。

1996年，被俄罗斯当局追杀多时的车臣反政府武装首领杜达耶夫，终于在一次使用卫星电话与外界联系时，难逃导弹的追袭而死于非命。

导弹何以如此神通，能跟踪杜氏，洞察其行踪呢？原来，正是杜氏随身携带的卫星移动电话走漏了"风声"。俄罗斯情报当局早已掌握了杜氏手机的频率，只要他一使用卫星移动电话，当局就能根据它所发出的无线电波，精确地测量出杜氏所在位置，误差只有几米。测得的信息很快便传到了控制导弹发射的系统，于是导弹便"闻讯"而来。杜氏多少已有这方面的经验，一般情况下他都是打完一个电话便立即转移。这一次麻痹了，多打了个电话，结果便被导弹击中。

目前，采取无线电测向技术进行三维定位，或利用更为先进的"全球定位系统"（GPS）都能达到上述目的。可见，利用现代通信工具既有带来与周围世界联络方便的好处，但也会因此而暴露自己的不足。在战争状况下，这种"暴露"甚至可以招来杀身之祸。

GPS小试锋芒

GPS是利用卫星通信技术为人们提供定位导航服务的一类系统，最初的设想是用于军事目的，是美国"星球大战"计划中的一个组成部分。它原定于1993年开始投入使用。不料，20世纪90年代初海湾战争的爆发，竟促使它提前出世，并一举名扬天下。

1990年8月至1991年3月，以美国为首的多国部队在阿拉伯半岛展开了以"沙漠风暴"行动为开端的海湾战争。说来也巧，"沙漠风暴"行动开始之时，正是美国空军部署完成第一个GPS导航星座之日。在这以前的16个月时间里，美国先后发射了8颗Block Ⅱ型导航卫星。按照计划，完成GPS的部署共需发射24颗这样的卫星。1990年8月，就在第8颗Block Ⅱ从美国佛罗里达州的卡纳维拉尔角升空的那天，发生了伊拉克入侵科威特事件，引发了以美国为首的多国部队为一方，伊拉克为另一方的海湾战争。

在1991年美国对伊拉克开展空袭行动之前，美国空军又发射了两颗卫星。上述这些卫星与已经超时服役的Block Ⅰ型卫星共同组成了一个GPS导航星座。正是这个系统，为活动在海湾地区的美军提供了全天候的二维（经度、纬度）或三维（经度、纬度、海拔高度）导航定位服务，确立了美军在这场战争中的绝对技术优势。

阿拉伯半岛是一片茫茫沙海，没有任何地形标志可作为辨别方向的参照物。这种特定的环境条件，正为GPS提供了大显身手的机会。在采取空袭行动时，美国采用了装备高精度GPS而不具攻击能力的MH-53特种直升机和火力强大的AH-64武装直升机联合组成攻击部队。在具有定位功能的MH-53引导下，这支部队凭借着夜幕的掩护，采用低空飞行的方式突破伊军防线，在对方毫无准备的情况下一举摧毁了两个预警雷达营。这次任务的完成不仅为挺进伊军腹地铺平了道路，也确保了其他战机飞行的安全。

在"沙漠风暴"行动中，由于美军得力于GPS的准确导航定位，便敢于采取"声东击西"的战术。它派出多支部队穿越伊拉克西部的广阔沙漠地带，到达幼发拉底河一线，对伊军展开了迂回包围。对于多国部队出其不意的袭击，伊军如梦初醒，毫无还手之力……

GPS在海湾战争中的主要用途是在恶劣的气候条件下，使美军士兵能清楚自己所在的位置、避开雷区；使他们的飞机能在夜间如同白昼一样执行任务；使舰船不受阻于数量众多的石油平台和水雷区，能在拥挤的海域穿行。在海湾战争中，美国使用了AGM86C型巡航导弹和战斧导弹。这两种导弹都可携带核弹头或常规弹头。由于使用了全球定位系统和惯性制导系统，导弹便如同长了眼睛，能准确地击中600千米以外的目标。

虽然，GPS在海湾战争中仓促上阵，加上手持接收机的数量不足，远远没有放开"手脚"。可是，正是这场战争，使它有机会在世人面前一展雄姿，显示它的巨大潜力。当时，许多美国母亲把GPS接收器作为礼物，寄给在伊拉克前线服役的儿子，祈祷他们平安。

由于GPS在海湾战争中的出色表现，使美国对推广这项技术更具信心。在美军关于海湾战争的总结报告中，把GPS誉为"军事力量的倍增器"，甚至把这场战争的胜利称为"GPS的胜利"。

海湾战争使GPS有机会小试锋芒，进行了一次"真枪实弹"的演习。有人把这次实践比作第一场"星球大战"，第一次"太空战争"。不管怎么说，GPS在战争中所扮演的重要角色给人留下了极为深刻的第一印象，也平息了美国国会对于是否值得在GPS上投入巨资的争论，推动了全球定位系统走向进一步完善。

GPS 是怎样定位的

GPS即全球定位系统。顾名思义，其主要功能就是"定位"。它能为地球表面约98%的地区提供准确的定位、测速和高精度的时间标准。

全球定位系统由三大部分组成，即空间部分、地面控制部分和用户装置部分。GPS的空间部分（空间段）由21颗工作卫星和3颗备用卫星组成，它们均匀地分布在离地面2万千米以上的6个运行轨道上，每颗卫星上都装有精度极高的原子钟，能提供高精度的时间标准；地面控制部

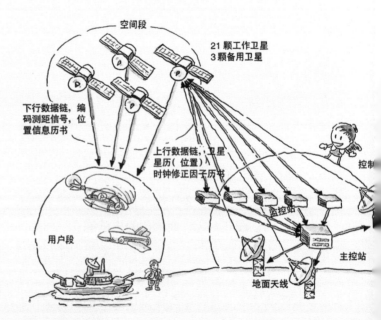

GPS的组成示意图

GPS为汽车"带路"

分（控制段）由一个主控站、5个监控站和3个上行数据发送站组成，它们分布在赤道附近，与工作卫星和备用卫星保持不间断的联系，对卫星上的原子钟实行监控，以保证它的计时准确，并完成导航数据的计算；用户装置部分（用户段）由天线、GPS接收器、数据处理器以及控制、显示等部分组成，能起到显示用户所在位置和自我定位导航的作用。

GPS采用三点定位法。由于每个用户至少能接收到来自4颗卫星的导航信号，用户的接收器在比较自己发出代码的时间和卫星发来的代码时间后，可以通过计算，得知无线电波从GPS接收器到达某颗卫星所需的时间，将它乘以无线电波的传播速度（30万千米／秒），就可以算出GPS接收器与该卫星的距离。如果以我们能接收到信号的3颗卫星为圆心，分别以已经计算出来的GPS接收器到这3颗卫星的距离为半径画出3个想象中的球面，那么，这3个球面的交汇点就是接收器所在的位置。经过数据处理后，用户的三维位置（即经度、纬度和海拔高度）就能在用户装置的显示屏上显示出来，作为定位导航的依据。

又见"北斗"新星

在变幻的夜空中，明亮的北斗星是常年都能看到的星辰。它是庞大的大熊星座的一部分，由7颗亮星组成。季节不同，北斗星在空中的位置也不尽相同。在指南针等科学仪器发明之前，夜行的人或远航的船只，常以它作为参照

2000年10月31日和12月22日，我国先后把两颗名为"北斗1号"的导航卫星送上了天；2003年和2007年，又相继发射了第三颗、第四颗"北斗1号"卫星，组成了我国自主开发的第一代"北斗"卫星导航系统。从此之后，在浩瀚太空，又添了几颗"北斗星"。它与北斗

"北斗"卫星导航系统应用示意图

七星一样光彩夺目，为世人指点"迷津"。

根据我国北斗导航系统建设分"三步走"的战略，在2012年前后，将建成由大约16颗卫星组成的系统，将亚太地区全部覆盖；到2020年左右，要建成由30颗卫星组成的能覆盖全球的导航系统。

"北斗"系统是继美国的GPS、俄罗斯的GLONASS之后，世界上第三个成熟的自主卫星导航系统。与目前的GPS相比，"北斗"的定位速度更快，授时更加精确。另外，"北斗"还比GPS多了一种重要的双向通信功能。目前，国外系统的导航是单向、广播型的，而"北斗"除此之外还能发送短信、短报文（最多可容纳120个中文字符）。

尽管，"北斗"全球卫星导航定位系统仍在建设之中，但在2003年汶川地震中它已发挥了重要作用。当灾难降临、其他通信都已中断时，"北斗"系统成为灾区与外界联系的唯一途径。"北斗"的应用领域，上至航空、航天，下至工业、农业、渔业、金融业和军事领域。不久以后，许多人的手机都会装上"北斗"，使手机成为定位导航的信号接收器。它能给盲人引路，能帮助迷途的人找到回家的路。

《现代电信百科》（第二版）2007年1月

信息时代话"信息"

"信息",是个使用频度极高的词汇。本文试图以通俗的语言来说明什么是信息,以及信息的特征等。

这篇1983年首载于《知识就是力量》杂志的文章,1984年2月15日在中央人民广播电台"科学知识"栏目播出。

当今,"信息"已成为一个使用频率非常高的字眼,不但频繁地出现在报刊、电视上,还常常被挂在普通百姓的嘴边。什么商品信息、信息经济、信息服务等,不胜枚举。甚至还有人把以电子计算机和与电信相融合为特点的社会称为"信息社会"。

那么,什么是信息呢?近代控制论的创始人维纳有一句名言:"信息就是信息,不是物质,也不是能量。"这句话听起来有点抽象,但却都指明了信息有与物质、能量不同的属性。信息、物质和能量,是人类社会赖以生存和发展的三大要素。

"信息"的含义

那么,我们怎样来理解"信息"这个词的具体含义呢?这里,有广义的和狭义的两个层次。从广义上讲,信息是任何一个事物的运动状态以及运动状态形式的变化。它是一种客观存在,例如日出、月落、花谢、鸟啼以及气温的高低变化、股市的涨跌等,都是信息。这是一种"纯客观"的概念,与人们主观上是否感觉到它的存在没有关系。而狭义的"信息"含义却与此不同,它是指信息接收主体所感觉到并能被理解的东西。中国古代有"周幽王烽火戏诸侯"和"梁红玉击鼓战金山"的典故。这里的"烽火"和"鼓声",都代表了能为特定接收者所理解的军情，因而可称为"信息"；相反，至今仍未能破译的一些刻在石崖上的文字和符号，尽管它们是客观的存在，但由于人们（接收者）不能理解，因而从狭义上讲仍算不上是"信息"。可见，狭义的"信息"是一个与接收主体有关的概念。

在通信领域里，我们通常把信息理解为一种希望传送、交换、存储的具有一定意义的抽象内容。譬如，在进行数字通信时，线路上传输的，以及在交换、存储系统中进进出出的，都是由"0"和"1"组成的抽象数据流，但它们都具有一定的意义，因此我们称它们为"数字信息"。

"信息"的特征

尽管信息的种类和形态多种多样，但以狭义"信息"而论，它们具有以下共同特征。

信息与接收对象以及要达到的目的有关

例如一份尘封已久的重要历史文献，在还没有被人发现的时候，它只不过是混迹在故纸堆里的单纯印刷品，而当人们发现并理解了它的价值时，它就成为信息；又如，公元前巴比伦和亚述等地广泛使用的楔形文字，很长时间里人们都读不懂它，那时候，便不能说它是信息。后来，经过许多语言学家的努力，它能被人们理解了，于是，也就成了信息。

信息的价值与接收信息的对象有关

例如，有关移动电话手机辐射对人体影响问题的讨论，对城市居民特别是手机使用者来说是重要信息，而对于生活在偏远农村或从不使用手机的人来说，就可能觉得这是没有多大价值的信息。

信息有多种多样的传递手段

例如，人与人之间的信息传递可以用符号、语言、文字或图像等媒体来进行；而生物体内部的信息可以通过电化学变化，经过神经系统来传递，等等。

信息不会被消耗

信息在使用中不仅不会被消耗掉，还可以加以复制，这就为信息资源的共享创造了条件。

人类的五次信息革命

在人类社会的漫长历史中，其信息活动经历了五个重要发展阶段：

人类信息传送的历史足迹（示意图）

语言的产生

语言是人类交流思想、彼此传送信息的一个重要工具。通过生产劳动和语言的交流，人类获得了越来越多的信息，促进了大脑这个信息处理器官的发达。

文字的发明

文字的出现使得口头传递的信息可以记载下来，从而有利于信息的积累，也使后来者有可能继承前人的知识成果。它避免了许多重复劳动，也加快了社会的进步。

纸和印刷术的发明

纸的发明使文字信息的记录变得简单易行；印刷术的发明则有利于信息的大量复制，促进了信息的广泛传播。

电报和电话的发明

它大大加快了信息的传递速度，也使信息交流冲破了时间和空间的限制。天南海北的人们之间的信息交流，就如同在同一个房间里交谈一样。地球村的概念也由此而生。

计算机和通信的融合

电子计算机的诞生，使信息的处理和加工有了一个崭新的工具。电子计算机有很强的信息处理能力，而且存储量大、速度快。电子计算机和现代通信的结合，就能在开发新能源、新材料等方面发挥巨大作用。

信息、能源、材料已成为现代科学技术的三大支柱。在一些科学技术发达的国家里，信息生产、加工和流通所产生的价值，已经超过或者将要超过物质生产、加工和流通所产生的价值。正因为这个缘故，有人提出，人类将要进入一个崭新的"信息社会"。

（中央人民广播电台"科学知识"节目1984年2月15日播出）

席卷全球的数字化浪潮

扑面而来的"数字化"浪潮，它是何方"神圣"？又何以魅力无限、使人们趋之若鹜呢？

今天，"数字化"已成为一个时代的潮流。从戴在人们手上的数字式电子表，到商店里比比皆是的电子秤；从数字式体温表、血压计，到数字电话、数字电视等等，冠以"数字"二字的产品不胜枚举。有人说，现在的交际活动也步入了数字化时代。这乍听起来觉得新鲜，但仔细一想也是不无道理的。两个人初次见面，只按传统习惯问个"尊姓大名"已经不够了，还得问对方的邮政编码、电话号码、传真机号码等一连串的数字。数字与人们的关系的确是越来越密切了。

现在言归正传，还是让我们回到通信这个话题上来。

谈到通信的未来，有人把它概括为"五化"，即数字化、综合化、智能化、高速化和个人化。这"五化"之中，数字化排第一，因为它是基础，是通信现代化的一个重要标志。

什么是数字化？它何以如此魅力非凡？数字化又将为我们带来什么？在这里，我们试着作

形形色色的数字化产品

一个粗略的描绘。

数字化的历史渊源

人类以"数字"方式传递信息的历史，可以追溯到很久很久之前。我国古代的"烽火报警"和"击鼓传令"，是原始的信息传递方式。它们都是数字方式。烽火的"明"与"灭"，鼓声的"起"和"落"均代表了事物的两种不同状态（类似于今天二进制数中的"1"和"0"）。利用这两种状态的变化，便可以达到传送信息的目的。以烽火为例，点燃烽火代表"有敌人入侵"，烽火熄灭便表示"平安无事"，等等。

说得近一点，1920年开始启用，并一直沿用到今天的指挥交通的红绿灯，它所传递的也是一种数字信息。红灯亮是一种状态，表示"禁止通行"；绿灯亮是另一种状态，表示"可以通行"。这两种状态也相当于二进制数中的"0"和"1"。

被认为是电信时代序幕的莫尔斯电报，也属于数字方式。莫尔斯电报使用的是由"点"和"划"组成的莫尔斯电码。"点"与"划"的不同组合代表了不同的字母和符号。这"点"与"划"就对应于电路中电流的"通"和"断"，亦即脉冲的"有"和"无"两种状态。这与上面讲的烽火的明灭以及红绿灯的交替点亮是一样的道理。我们都可以把它们看成是数字信号。由此可见，人类的电信是从数字通信起步的。

但是，应该指出，烽火、红绿灯以至于莫尔斯电报，都是原始的数字通信方式，它与代表未来发展方向的"数字化"是不能同日而语的。在电信发展的初期，由于受当时技术条件的限制，数字方式用起来并不方便，传送的信息量也十分有限，因而在电话出现之后，它便退居次要地位。后来，随着集成电路、电子计算机的出现，以及数字信号处理和压缩技术的发展，数字通信的优越性又重新显露了出来。通信的各个领域纷纷走上"数字化"之路，真有百川归海之势。

数字化的魅力

"数字"是相对于"模拟"而言的。以电话为例，传统的电话通信是模拟通信。在那里，人讲话的声音被变成大小随话音起伏的电流，然后在电路上传送。在这种通信方式里，电信号的变化模仿了声音的变化，故有"模拟"之称。而数字电话却不同，它是把人的声音变成一串串数字信号后进行传输的。数字信号只有"1"和"0"两种状态，因而语音信息便包含在这"0"和"1"的不同组合里。数字通信方式与模拟通信方式相比，有如下许多独特的优点。

1．由于数字通信所传送的信息不包含在脉冲波形当中，因而通信过程中引入的失真和干扰，只要不超过一定的限度而导致判决的错误，就不会对通信质量带来影响。而且由于在这种通信方式中失真和杂音不会积累起来，通信质量便与通信距离无关。

2．由于数字通信方式能把话音信号、数据信号和图像信号等统统变成数字信号进行传输、交换和处理，因而原先"各自为政"的各种通信网便可在数字化的基础上统一起来，形成一个综合业务数字网。这正是未来通信的发展方向。

3．由于数字信号可以通过简单的逻辑运算进行加密，因而可方便地实现保密通信。

4．由于大规模集成电路、超大规模集成电路在技术上的成熟，以及计算机与通信的融合，数字化不仅能使通信具有传递信息的功能，而且还具有存储、交换和处理的功能。

5．数字化使通信设备的经济性和可靠性明显改善，并加快了其小型化进程。

数字化潮流

数字化，业已波及现代通信的各个领域，并正在对社会经济和人们的生活产生巨大的影响。

在电话通信领域，有一个事实足以说明问题，那就是人们装电话时都想装程控数字电话。因为程控数字电话交换机是由计算机来控制的，不仅接续速度快，声音清晰，而且还能为用户提供许多新的服务

行走的时尚：在电信展览会上背负超薄型数字电视穿梭于展厅的时尚女孩

数字化催生的阅读革命

功能，如"叫醒服务""呼叫转移服务""三方通话服务"等等。这些都是以往其他交换方式所无法实现的。

现在，移动电话通信也在由模拟方式向数字方式发展。数字化之后，可以实现时分复用，使原先的一个无线电信道能同时为多个用户服务，从而缓解了频率资源不足的问题。数字化还解决了移动电话的保密问题，并有利于利用移动电话电路实现多样化通信。

数字广播被认为是晶体管发明之后无线电技术的又一重大进展。数字广播不仅声音清晰，无杂音干扰，其音质可以与激光唱盘相比，而且由于每个电台所占的频带较窄，能够大大增加可利用频道的数量。预计在不久之后，人们将陆续更换自己的收音机，以适应接受数字广播节目的需要。

电视领域也正酝酿着一场革命。在未来几年中，西方发达国家将相继开播数字电视，并进入数字卫星电视广播的新时代。和目前我们所使用的模拟电视相比，它具有清晰度高、音响效果好、抗干扰能力强和能在有限的频带资源中容纳更多的电视频道等优势。此外，数字电视还具有现有电视所不具备的许多功能，并能与通信、计算机和互联网相互连接，进行交互式的信息传输。也就是说，它将变今天电视的被动收看为主动"出击"，通过数字电视，人们不仅可以收看到高质量的电视节目，还能在互联网上浏览，收发电子信函，以及实现网上购物、网上银行等多种信息时代的新业务。难怪，人们把数字电视的出现视为电视发展史上的又一次革命！

现在美国等一些国家正在实施"数字化图书馆"计划。所谓"数字化图书馆"，就是把常规图书馆中的图书、画册和其他资料，统统以能为计算机所识别的二进制数储存在电子数据记录媒体上。读者可以通过身边的终端从数据库检索和调阅这些图书资料。采用这种技术手段，不仅可以长期保存珍贵的历史文献，降低运行成本，而且还能在各大图书馆之间实现图书资源的共享，使读者可以在更宽的范围内选择自己所需要的内容。

数字化还是未来军事技术的方向。据报道，美国在今后的五年里要投入20亿美元实施战场数字化计划。到2010年实现全军数字化。在数字化战场，军官将利用电子地图指挥战斗；指挥部下达的命令可直接显示在坦克内的屏幕上或士兵头戴的遮阳罩上。士兵们将利用键盘彼此"对话"，这样便可以避免以往用对讲机可能造成的泄密。

数字化也进入了艺术领域。例如，一些国家计划利用计算机对珍贵书画和艺术品的可视图像进行编码，使它能方便地储存、显示和传递，建立所谓的"数字化博物馆"。有朝一日，人们还将在自己的居室里悬挂起显示在平板屏幕上的可以乱真的名贵艺术品，而取代今天的纸质制品。

近年来，由于数字产品不断进入普通百姓的生活，"数字化"这个词也变得家喻户晓了。

继数字钟表、数字电话等相继登场之后，数字化之潮又大举涌入影视领域。数字电影、数字电视已成为人们新的期盼，它们登堂入室，以至于在影视圈中独占鳌头的时日已为期不远了。

"数字化城市"的概念也已提出。欧盟1995年3月宣布，要在欧洲建立10个或更多的"数字化城市"。这些城市的居民将可以通过电子方式获得公用文献，进行无现金的兑付，以及在互联网上讨论自己所感兴趣的各种各样的问题……

数字化的浪潮方兴未艾。数字化不只是在通信领域激起波澜，给未来的通信世界带来了革命性的变化，在其他领域，数字化依然是魅力无限，令人心驰神往。

《知识就是力量》1996年第9期

从梦幻到现实
——从一幅宣传画说起

本质上说，现代通信便是人类口、耳、眼功能的延伸。从神话传说中的"顺风耳""千里眼"，到现代科技所造就的"地球村"，反映了人类将幻想变成现实的强烈愿望和艰辛历程。

1995年10月3日至11日，在日内瓦举办了一次规模空前的国际电信展览会"TELECOM'95"。在开幕式的讲台上，布置着一幅构思奇特的宣传画。在这幅画上，画了人的耳朵、眼睛和一线条流畅的红线，像是人的嘴唇，又有几分像是电波，皆在似与非似之间。将人的五官中的"三大员"搬上国际电信展览会的讲台，倒十分新鲜。这不禁会引起人们的种种遐想。人类的五官与电信到底有什么联系？它与这次展览会的主题又有何关联？我边看展览，便寻觅着艺术家那独具匠心的构思。

1995年，在日内瓦举办的国际电信展讲台上，一幅由眼、耳、嘴艺术形象组成，寓意深刻的宣传画

回顾人类通信发展的历史，我们不难发现，在其背后有一个十分重要的动力。那就是人类始终不满足于大自然所赋予自己的有限能力，而不断地幻想和追求着拥有超越自己的非凡本领。这种幻想与追求，既反映在我国许多脍炙人口的神话故事里，如大家所熟悉的"千里眼""顺风

181

耳""鱼雁传书"等等；也反映在一代代电信发明家艰苦卓绝的探索里。

口、耳和眼，是人类发出信息和接收信息的重要器官，但它们的能力都十分有限。高声喊叫，其声音至多也只能传到方圆几里，再远就无法听到了。人眼的视力更是有限，而且还受到山丘、高楼等自然屏障的阻挡以及云雾等自然条件的影响。正因为如此，多少年来，人类一直在梦想着有一双像孙悟空一样的火眼金睛和有像"顺风耳"和"千里眼"一样，耳能细听千里、目能详察千里的本领。这个梦，一直到19世纪电信诞生之后，才逐渐变成科学的现实。

1837年，莫尔斯发明了电报。从此人类的信息传递便插上了电的"翅膀"，使人与人之间在空间和时间上的距离一下子便缩小了很多。1876年电话的发明，实现了人类把声音传到远处的愿望。正如电话发明家贝尔当时在写给他母亲的一封信中所预言的："朋友们不用出门也能相互交谈的日子就要到来了"。在这以后，人类通信的发展在很大程度上都是沿着如何把声音传得更远、更清晰这样一个目标而展开的。今天，世界上的电话网已经四通八达，它几乎已能将任何一个人的声音传送到地球上的任何一个角落。人类的声音既可以上天（通过通信卫星），又可以入地（通过地下电缆或海底光缆），以无线或有线的方式进行传送。1921年，世界上第一座广播电台的建立，又使人类的声音可以广为传播，响彻寰宇……

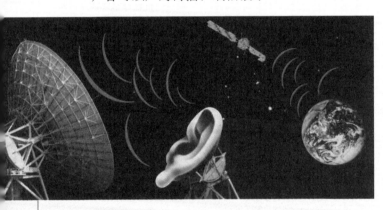

电信——现代的"顺风耳"

人类传送语音技术的不断进步和完善，使得通过语言进行的信息交流达到了无远弗届的程度。在客观上，现代通信已经起到了延伸人类"口"和"耳"的功能的作用，"细听千里"已不在话下。

唐诗中有个佳句，叫"欲穷千里目，更上一层楼"，说的是登高可以望远。但人类的目力毕竟有限，即便是登得再高，也还是看不多远。因此，人类在进入电信时代之后，便把"目视千里"作为另一个重要目标。1927年，人类首次实现了远距离传送影像的设想，这就是电视。紧

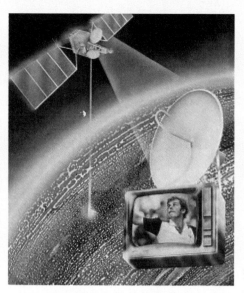

电信——现代的"千里眼"

接着，传真通信、电视电话、会议电视、可视图文等各种传送可视信息的通信工具相继登台。有了这些通信工具，人们不仅无需登高，就是不出家门也可以纵览世界风云，实现屏幕中的聚会，或进行屏幕对屏幕的交易。特别是电视广播卫星的出现，使得实现全球电视转播成为可能。现在，世界各地的气候变化和重大新闻，都可借助于电视转播在瞬息之间传遍全球。由此可见，今天的通信，也大大延伸了人眼的功能，使人们千百年来"详察千里"的幻想变成了现实。

将口、耳、眼的形象艺术地搬上了一个国际电信展览会的讲台，其意义还不只是使人们勾起对通信事业光辉历程的追忆，再一次重温现代通信在延伸人类感觉器官功能方面的作用。而且把它们组合在一起，还有一层更深刻的寓意。那就是它在提示人们，一个把语音信息、图像信息、数据信息等都综合在一起的多媒体时代已经来临，正是这次国际电信展览会所奏响的主旋律。

多媒体技术有两个显著的特点。首先它具有综合性。它能将计算机技术、声像技术和通信技术融为一体，使得往日分别由计算机、电视机、传真机、音响设备、电子游戏机等分别实现的功能都综合到了一起。另一个特点是交互性，即能实现人与机器、人与人或机器与机器之间相互的信息传送和互控。因此，如果说电话通信是人的口、耳功能的延伸，电视、传真是人眼功能的延伸，那么，多媒体通信便是人类多种感官和人脑功能的延伸。它使人类超越自己的本领大大增强了。

顺便指出，在这幅宣传画上，我们还可找到"TELECOM"（"电信"的各个字母），我想，这是不是设计者又一次在提醒人们在信息时代里，电信与人们的生活是分不开的，它正在继续为创造人类更加美好的未来而做出贡献。

《知识就是力量》1996年第8期

从"独舞"到"双人舞"
——谈计算机与通信的融合

舞曲声中，当你看到computer（计算机）和communication（通信）在快速旋转中融为一体时，你是否意识到：这是两个科学巨人的世纪之舞，是两种技术走向融合的写照。

1995年10月，在瑞士日内瓦举行的国际电信展览会"TELECOM'95"上，日本电器公司（NEC）打出了一个十分醒目的标记并辅以影视效果：屏幕上，象征一男一女的两个人形图案（分别以绿色和红色相区分）在舞曲声中由静到动，然后快速旋转，直至融为一体；与此同时，传来了画外音"C and C"。短短的几秒钟给我留下极深刻的印象。我十分欣赏这既是科学又是艺术的巧妙构思。概括的艺术语言，反映了计算机与通信由各自独立发展到走向融合的历史征程，揭示了当今信息时代的一个重要特征。

在1995年国际电信展览会上，日本电气公司（NEC）所打出的"C and C"形象标志

数字化——"C and C"融合的基础

这"C and C"中的两个C，一个是代表计算机（computer），另一个是代表通信（communication）。这也正是NEC标记中的两个"舞者"。

计算机和通信，开始是彼此独立发展的两个领域。1946年，美国研制成世界上第一台电子计算机，这是一个重30吨，由18800个电子管组成的庞然大物。这样的计算机，虽然无论从体积和耗电的角度上看，都是不实用的，但它却开创了一个科技的新时代。后来，随着晶体管、集成电路（IC）、大规模集成电路（LSI）和超大规模集成电路（VLSI）等一系列半导体器件的开发，使得电子计算机的体积越来越小，耗电越来越少，而功能却不断增强，价格也逐渐降低。所有这些，都为计算机的广泛应用创造了条件。

众所周知，计算机技术一开始便是以数字技术作为基础的。而通信技术并非如此，它经历了由数字——模拟——数字的漫长演变历程。1837年，首先揭开电信时代序幕的莫尔斯电报，实质上是一种数字通信方式。它以电流的通与断（相当于现代计算机通信中的"1"和"0"）来编制代表数字和字母的代码。但是，由于当时既没有电子管，更没有集成电路，数字通信方式缺乏发展的基础。1876年贝尔获得了电话发明专利。电话是一种模拟通信方式。这种方式在将近一个世纪中，在通信领域独占鳌头，几乎占据了统治地位。作为现代通信技术基础的数字通信技术，虽然早在1937年就已提出（那时英国人普斯提出了脉冲编码调制——PCM的技术方案），但是，由于当时正处在电子管时代，从经济上考虑，推广数字技术是有困难的。时间又向前推进了1/4个世纪，随着晶体管的出现，1962年美国贝尔研究所首先研究成功24路PCM装置，并使之实用化。以此为起点，通信领域的"数字化"便大踏步地向前推进。特别是大规模集成电路、超大规模集成电路生产技术的日新月异，更加速了这一历史进程。虽然通信由数字到模拟又回到了数字，但前后这两个"数字"是不能同日而语的，主要是技术基础迥然不同。近代数字化技术的深入发展，使得原先各自单独发展的电话、传真、微波等通信系统找到了一个共同的基础；建立统一的综合业务数字网也就成了大势所趋。

由于通信技术和计算机技术都走向以数字技术为基础，这就意味着它们之间存在同一性。特别是近年来计算机技术由集中处理向分散处理的方向发展，计算机与通信的"优势互补"和有机结合更是"水到渠成"了。

"C and C"——"你中有我，我中有你"

"C and C"，开始人们称之为"计算机与通信的结合"。后来随着技术的发展，觉得"结合"两字还反映不了两者之间的关系，于是改"结合"为"融合"。"结合"是"人或事物间发生密切联系"，而"融合"却是"几种不同事物合成一体"。我以为，从今天计算机与通信之间的这种"你中有我，我中有你"的关系来看，用"融合"二字更加贴切一些。

先让我们从通信的角度看一下。传统的通信技术只有传递信息的功能，但计算机被引入通信领域之后，通信的面貌便发生了根本性的变化。通信除了有信息传递的功能之外，还有信息生成和信息存储的功能，这就是"现代通信"的概念。

所谓"信息生成"就是将要传送的信息加工成接收者容易理解的形式。这里，便需要发挥计算机在信息加工处理方面的特长。例如，当一个分公司需要向总公司报告一个月的销售情况时，通常是用计算机把有关材料制成报表，然后通过传真或数据通信电路发送出去。在信息生成领域里，广泛使用了文字处理机、绘图仪和计算机辅助设计等计算机技术。

现代通信的"信息传递"也有别于以往的传统通信，它的最重要特征便是"全球性"。现在，从世界范围来看，担负信息传递任务的是由通信卫星、海底光缆、微波通信线路等组成的呈立体分布的全球通信网。"信息传递"的基本任务是迅速、准确地传递信息。目前，为了提高信息传递的质量，在各个环节都大量采用了电子计算机技术。例如，在电话通信中，越来越多的交换机采用了用计算机控制的数字程控交换机。这不仅提高了通信的质量，还为电话通信增加了许多新的功能。

计算机与通信的融合，迎来了人类的第五次信息革命

"信息存储"是将信息处理加工后，不立即发送或利用，而是先在计算机里存储起来，到需要的时候再发送出去或加以利用。例如，人们所熟悉的"语音信箱"业务，便利用了计算机储存信息的功能。它将传递给对方的语音信息先暂时储存在计算机的存储器（即属于对方的"语音信箱"）里，等对方在方

便的时候凭密码从"信箱"中取走。使用这种业务可不必考虑自己发送信息时对方在不在家了。另有一种电信新业务叫"传真存储转发"，也是利用计算机存储信息的功能，先把发送给对方的传真信息储存起来，然后择时发送出去。采用这种方式，还可以达到将一份传真同时发送给不同地点的多个用户的目的。

电信网是当今社会中最为庞大和复杂的网络系统，是现代社会的基础设施。"智能化"是未来通信网的发展方向。智能化不仅要求网络有传递和交换信息的能力，而且还应有存储和处理信息的能力。例如，要能够自动选择通信的路由、使通信始终畅通无阻，要有号码翻译、计费处理以至于对不同语言自动翻译的能力。所有这一切，都有赖于计算机的超凡本领。

现代通信离不开计算机，而现代的计算机技术也同样离不开通信。美国研制的第一台电子计算机，是以计算大炮的弹道为目的而设计的。它的功能十分单一，那就是进行高速的数值计算。后来，随着计算机的不断普及，出现了应用范围更广的多功能计算机。譬如有用于飞机、火车坐席预订的系统和电力控制的系统等。同时，借助于通信线路，还可以实现实时的数据收集和分析。

最初计算机多采用"集中处理"方式，即将多种业务由一台大型计算机进行集中处理。但实践证明，这样做不仅使计算机硬件越来越笨重，也使其运行程序越来越大型化和复杂化。于是便逐渐转向一种"分散处理"方式。"分散处理"使用大小适当的计算机和终端设备，用网络连接成系统，使它们彼此能取长补短，相互支援。这不仅提高了计算机的利用率，还扩充了它们的应用范围。特别是到了70年代以后，由于数据库和对话型处理的逐渐普及，利用通信功能可以远距离使用计算机，实现远距离用户之间的信息交换以及软件资源的共同利用。这样一来，计算机与通信的关系就变得更加密不可分了。

现在，我们到银行去取款，到民航售票处去订票，都会亲身体会到计算机与通信联手所带来的方便。今后，在家办公、电子购物等一系列新的事物还会不断进入我们的生活。到那时，你将会进一步感受到我们是生活在一个"C and C"的信息世界里。

"C and C"——一次新的信息革命的重要标志

有人把迄今人类社会的信息活动分为五个阶段，或称之为五次"革命"。这五次革命的重要标志依次为语言的产生，文字的创造，纸和印刷术的发明，

由电子计算机控制的程控数字电话交换机，便是通信与计算机相融合的重大成果，它带给人们许多前所未有的电话新功能

电报、电话的问世，以及计算机与通信的融合(即"C and C")。

上述这五项创造发明，之所以称得上是"革命"，都有它的特殊时代背景。这第五次革命的背景便是信息在社会经济发展中的地位不断加强，以及它在人们日常生活中的重要性越来越突出。现在，在一些发达国家，信息生产、加工、流通所产生的价值已经超过物质生产、加工和流通所产生的价值。信息已经与能源、材料共同构成现代科学技术的三大支柱。

计算机与通信的融合正适应了信息化社会的客观需要，它的出现和广泛应用，不仅大大促进了社会生产效率的提高，而且还从根本上改变了人类社会的生活方式。例如，它将改变人们的学习方式（远程教学）、办公方式（"在家办公"和"移动办公"）、支付方式（"电子货币"和"家庭银行"）、医疗方式（远程医疗）、购物方式（电子购物）等等。如果我们把1977年作为从科学技术的角度上提出"C and C"概念的起点的话，那么，1980年前后，它便开始渗透到工业和商业领域；20世纪90年代，它开始进入人类的社会文化生活；预计到2000年，它将渗透到全球各个角落，使人与机器融为一体。透过多媒体技术以及全球最大信息资源网——互联网的发展，我们也不难看到"C and C"的魅力以及它不可估量的前景。

《知识就是力量》1996年第10期

似曾相识燕归来
——通信发展中的"否定之否定"

似曾相识，却非旧景再现——这是人类通信史上一种十分有趣的现象。

昔日的电报通信和今日计算机通信，古代的烽火报警与当今的激光通信，均不可同日而语。"否定之否定"，是科学技术不断更新、完善，并向更高阶段发展的过程。

翻开人类的通信史，我们会发现一个十分有趣的现象。那就是一些曾经在历史上被否定过了的东西，后来又重新得到肯定。有的甚至还在日后的通信发展中扮演了非常重要的角色。这里，我们不妨举几个例子来说明。

从烽火接力到光纤通信

今天，当我们游览长城时，依然可以看到一座座形似碉堡的烽火台的痕迹。它们矗立在一些制高点上，雄伟挺拔，气度不凡。这是源远流长的古代光通信的历史见证。当年，人们就是通过在这些烽火台上燃点烽火狼烟，接力通报军情的。以烽火进行通信的历史，可

晶莹剔透、细如发丝的光纤，已成为当今信息传送的通衢大道

以追溯到西周时期（约公元前11世纪至前771年），至今已有3000余载。

光的传播速度很快，这早已为我们的祖先所认识。据说，汉武帝时，大将卫青和霍去病率大军出征匈奴时，就是以举放烽火作为进军信号的。仅一天时间，通过烽火传送的信息，便从当时的河西（今甘肃省）传到了辽东（今辽宁省），沿途数千里，蔚为壮观。

但随着历史的发展和科学技术的进步，烽火这种光通信方式被否定了。其主要原因是，火光在传播的过程中严重地受到气候条件的影响。在恶劣的天气条件下，它便一筹莫展。此外，这种原始的光通信只有"明""灭"两种状态，因而所能传送的信息十分简单。

人类进入电信时代后，又不断有人致力于新的光通信方式的研究。大名鼎鼎的电磁电话的发明专利获得者贝尔就是其中的一位。但他利用自然光制作的"光电话"，只能把声音传送到20米远，因而难以付诸实用。

后来，人们通过大量的实践认识到，要使光通信真正成为一种有效的通信手段，还有待于寻找到一种合适的光源和创造一个良好的传输条件。激光器的发明使人们获得一个频率单一、能量集中的理想光源；光导纤维又为激光的传播提供了一个传输损耗小，并使之畅通无阻的通道。于是乎，"万事俱备，只欠东风"。这个"东风"不是别的，正是信息化社会对高速、大容量传递信息的客观需要。今天，光通信再一次受到人们的重视。它不仅以频带宽、通信容量大和不受电磁干扰等一系列独特的优点，成为当今通信领域里一颗耀眼的明星。而且，在举世瞩目的未来信息高速公路中，它仍然是地位显赫的"主力"。由此看来，人们称它为"希望之光"，也是并不过分的。

数字——模拟——数字

众所周知，现代电信是以莫尔斯电报的诞生为标志的。莫尔斯电报是使用莫尔斯电码来代表数字和字母的；而组成莫尔斯电码的，只有点和划两个符号（对应于电路中电流的"通"和"断"两种状态），这相当于现代计算机里常用的二进制数"0"与"1"。因此可以说，人类的电信是以数字方式起步的。

电报在当时无疑是一个划时代的创举，但它也存在一些明显的缺点，如需要经过译电等繁多的手续，以及不能进行实时的双向信息交流等等。正是这个缘故，1876年电话发明之后，它便一落千丈，很快退居次要地位。

流光墨韵

——陈芳烈科学文化记忆

电话是一种模拟通信方式。由于它能实时而且逼真地传送人讲话的声音，因而一经问世，便大受青睐，被人们比作一首100多年来回荡于人们耳际的优美的"歌"。

100多年来，电话独占鳌头，艳压群芳，在客观上形成了模拟通信方式占上风的局面。

可是，20世纪40年代电子计算机的问世，以及微电子技术的飞速发展，极大地动摇了以电话通信为代表的模拟通信的地位。在通信领域里，又出现了由模拟技术向数字技术过渡的新变化。今天，数字化正如日中天，成为一个势不可挡的潮流。这既反映了客观的需要，也反映了数字化的技术条件已经成熟。

关于数字化的优点，以及它的无限魅力，已另有文章作专门介绍，这里恕不重复。

"有线"与"无线"

上面提到的电信家族里的元老——电报，最早就是通过有形的金属导线来传送信息的。最早的电报线路建于1843年，从华盛顿到巴尔的摩全长64.4千米。像这样依靠有形的通信线路传送信息的，称之为"有线通信"。

19世纪80年代电磁波的发现，以及过后不久它在通信方面的广泛应用，使得在通信领域里又增加了一种依靠无形的无线电波来传送信息的手段，即"无线通信"。近百年来，它一直是有线通信的一个重要补充和有力的竞争对手。

提起无线电通信，很多人都会联想到两

从查佩发明的"光电报"到卫星通信，反映了人类通信200年间的历史跨越

个不朽的名字：麦克斯韦和赫兹。麦克斯韦预言了电磁波的存在，而赫兹则以实验证实了电磁波的存在。他们的发明和发现，为无线电通信的发展铺平了道路。1895年，俄国人波波夫和意大利青年马可尼分别发明了无线电报机，使无线电通信由此走向实用。

科普随笔

"无线"与"有线"孰优孰劣，我们还很难下定论。只能说，它们各有各的优势，各有各的适用范围。它们之间相互补充，又相互竞争。就某一种具体通信方式而言，它在整个通信领域里所处的地位和所占有的"份额"，往往与它所基于的技术、当时的状况和所使用的元器件的发展水平有关，也与一定历史阶段的经济基础和客观需要有关。

笼统地讲，无线通信无需昂贵的地面导线和海底电缆等，就能把声音、图像、数据传遍全球，送至每个家庭，是一种比较经济的传输手段。由于电磁波没有人为的疆界，因而它一开始就具有"国际性"。目前，卫星通信、短波通信等，都是国际通信的重要手段。

无线电最早应用于海上通信。大家所熟知的"SOS"，就是通过莫尔斯电报机所发出的呼救信号。近百年来，它不知拯救了多少海上遇险者的性命，可谓"战功卓著"。无线电通信在战争中也有无法取代的作用。例如，在第一次世界大战的许多战役中，它都发挥了关键性的作用。

无线电通信的迅速发展也带来一些新的问题。比如，有限的无线电频段日益拥挤，还随之出现了干扰、泄密等现象。特别是在频带宽、传输质量优良的光纤通信（属有线通信方式）出现之后，它更面临强有力的挑战。为了迎接挑战，无线通信亦正在不断克服弊端，完善自己。

近年来，人们对移动条件下进行通信的要求越来越迫切。他们希望，不论在何时、何地，都能以任何一种形式与地球上任何一个其他个人建立通信联络。要实现这样一种愿望，显然离不开无线通信。当然，也常常需要有线通信的配合。因此，在未来的个人通信时代，呈现在人们面前的是一个以卫星通信、微波通信、蜂窝移动通信以及陆地光纤通信、海底光纤通信为主角的四通八达的立体通信网。有线通信和无线通信将各施所长，在又配合、又竞争的环境中寻求各自的发展。

短波的东山再起

短波是波长为10米到100米（频率为30兆赫到3兆赫）的无线电波。开始，它被认为是没有多大实用价值的频段，但一个业余无线电爱好者的偶然发现却改变了它的命运，使它一举成名。

大约是在1921年，意大利罗马城郊的一个小镇，由于持续高温，天气异常干燥，从而引发了一场火灾。无情的大火迅速蔓延，顷刻间便吞噬了整个城镇。大火不仅造成了无数妇女、儿童的伤亡，连电话线路也都被烧断了。就在这紧急关头，火场附近一台功率仅数十瓦的短波无线电台发出了求救信号，指望附近地区的消防人员闻讯赶来。出乎意料的是，这个求救信号没有被近在咫尺的罗马人所接收到，却传到了千里之外的丹麦首都哥本哈根，被那里的无线电爱好者接收到了。收到信息的人把有关情况及时向当地的消防部门通报，但他们鞭长莫及，只好转请罗马城消防部门急速赶赴，去扑灭这场大火。

在这次事件中，短波何以突破"常规"，挑起到千里之外搬救兵之重任，实在令当时的许多物理学家百思不得其解。但这件被他们认为十分"荒唐""离奇"的事，后来却为业余无线电爱好者所一次又一次地证实。

无线电爱好者发现的奇迹，促使物理学家不得不面对现实，对短波无线电开展新的研究。没过多久，谜底终于被揭开了。原来，短波的远距离传播"走"的不是沿地球表面这个"通道"，而是直接"飞"向天空，再经过电离层折回地面，为远处地面上的无线电接收机所接收。有时它还要"上蹿下跳"经过几个回合才为收信方所接收。短波这种像三级跳远一般的绝技，使它能在消耗甚小的情况下，"神出鬼没"地抵达到千里之外。

但可惜的是，电离层很不稳定，易受昼夜、季节和太阳黑子活动的影响，这也就给短波通信带来了不稳定性的致命缺点。因此，随着卫星通信等一些新的无线通信方式的出现，短波通信便大有风光不再的趋势，以致有人认为它行将退出历史舞台。但科学家们依然是孜孜以求，痴心不改。他们从研究电离层的变化规律入手，提出了"自适应""盲区补救"等一系列技术措施，使短波通信的上述缺点得到很大程度的克服，在"山穷水尽"之时，又迎来了"柳暗花明"的前景。特别是当人们在研究未来战争时，注意到通信卫星有易受袭击的致命弱点，便更加钟情于设备简单、灵活机动的短波通信了。

"否定之否定"，是辩证法的3条基本规律之一。它说明事物发展的趋势和过程是从肯定到否定，再到"否定之否定"。经过这样一个周期，不是回到了"原地"，而是事物通过不断的更新和完善，螺旋式地上升到一个更高的阶段。通信发展的历史也完全证实了这一点。

《知识就是力量》1996年第11期

剪断"脐带"的革命
——浅谈移动互联网

移动互联网不仅使人们挣脱电线的物理性束缚，赢得信息获取的更大自由；它还催促互联网加快步伐进入"智能化"和为用户"量身定做"的新时代。

互联网的出现，极大地改变了人们的生活，打开了人们认识世界的又一扇豁达的窗户。但随着它一步步融入社会，人们对它也提出了更高的要求。其中之一，便是人们已不满足于通过固定连接的计算机进入网络世界，而希望挣脱电线、电缆等的"物理性束缚"，获得更大的自由。其解决办法就是要建立一个用无线方式连接的互联网。有人戏言，这对互联网来说，是一场"剪断脐带"的革命。

无线互联网又称移动互联网。它是互联网与移动通信的强强联合。如今，移动通信如日中天，它的用户数已远远超过互联网的用户数。在移动电话进入数字时代后，它的功能已从单一的通话业务向名目繁多的数据业务拓

在行驶的汽车中上网。这是移动互联网带给人们的实惠之一

展，无疑，其触角也必将伸向互联网这个精彩的世界；而互联网若要求得进一步发展，也必须挣脱束缚，寻求以无线方式延伸，把数目庞大的移动用户揽入自己的怀抱。因此，互联网与移动电话的结合既是天赐良缘，也是大势所趋。

移动互联网绝不是移动电话和互联网的简单组合，而是在创新理念指引下的一项高科技集成。它不只实现了两大技术的优势互补，还在很大程度上改变了通信的观念和网络访问的基本规则。它是计算机与通信（computer & communication）融合的又一次升级。它产生的结果不是1+1=2，而符合系统论创始人贝特朗菲所说的"整体大于部分之总和"。如摩托罗拉前总裁兼首席执行官高尔文所言，它"改变的不是技术，而是人们的生活"。

一张无线互联网的宣传画。有了无线互联网，即便你走到天涯海角，也能轻松自如地实现对互联网的访问

移动互联网之桥是架设在移动无线终端和互联网这两个桥墩上的。随着移动智能终端的逐渐普及，功能强劲的3G、4G手机用户日益增多，以及互联网内容提供商（ICP）和互联网服务提供商（ISP）的高调加盟，各种有价值的信息和多种多样的个性化服务在不断推出，使移动互联网进入了一个爆发式的发展进程。特别是智能手机的普遍使用，将大大加快人们进入移动时代的步伐。有人预言，移动互联网将创造比过去互联网大10倍以上的商机，从而激发起第四次创业浪潮。

移动互联网的亲和力正在加强。它已越来越贴近生活，成为人们生活的一个部分。手机游戏、移动阅读和手机购物已成为移动互联网的三大主流应用。另外，如微博、微信等社交类的应用，网页技术的应用，以及基于本地生活服务的手机应用，也将成为移动互联网的新亮点。移动互联网正在使手机无所不能。它早已不是单一的通话工具，而是一个能给你带来各种享受和体验的万能"瑞士军刀"。它陪伴你度过寂寞的旅途；使你在碎片时间里能方便地获得各

物联网示意图。物联网是使"物物相联"的互联网，它将给我们带来智能交通、智能家庭、遥控诊疗等名目繁多的服务

种信息服务；使你足不出户，便能实现购物、炒股、付费；使信息点播、移动办公、远程医疗从梦想变为现实。

移动互联网不仅"把互联网装进口袋"，而且也在很大程度上改变了网络时代的"游戏规则"。譬如，它可以变"上网"为由网络主动寻找客户，投其所好，为他们提供各种"量身定做"的服务。也就是说，网络将变得更加"聪明"，更富人性化。另外，移动终端除了继续朝智能化、个性化的方向发展之外，可能还会出现生物化终端，他会像手表和眼镜一样附在人的身上，甚至植入皮下，成为人体的一个部分。

移动互联网也是实现"智能家庭"和"智能城市"的重要技术支柱。有了移动互联网，家中的洗衣机、冰箱、微波炉、电饭煲都可与网络连接起来，用手机或其他移动终端对它进行遥控。综合运用物联网、大数据、云计算、光网络和移动互联网等技术，对一个城市功能各种数据进行感测、传送、整合和分析的系统，正在许多城市建立。"智能城市"正渐行渐近，触手可及。

2000年原载《北京青年报》等多家报刊，收入本书时稍作修改

走出赛场的体育
——体育与电信的联姻

　　电信因体育而精彩，体育因电信而疯狂。电信与体育携手再续前缘，还将给人们带来怎样的惊喜呢？我们不妨拭目以待！

　　1996年5月17日，一年一度的"世界电信日"把"电信与体育"作为它的主题。"电信"与"体育"，乍听起来似乎是风马牛不相及的事，它们是怎样联系在一起的呢？

　　其实，只要我们回顾一下历史，就不难发现，电信从它的诞生之日起，便开始与体育结缘了，而且越走越近。这使体育从小范围的竞技活动变成为亿万人共享的"盛宴"。今天，无论是在展示奥运精神、创造一个个体坛新奇迹的历届奥运会上，还是在挑战人类体能极限的水国冰峰，我们都可以看到电信的

今天，发生在世界任何地点的体育赛事，都会被体育记者的镜头所"捕捉"，并通过遍布世界的通信网络迅即传遍全球

197

似影随形，感受到它与精彩体育竞技交相辉映的魅力。

现代电信不仅可以"捕捉"到体育赛场上任何一个精彩的瞬间，把体坛精英们精彩绝伦的表演在瞬息之间传遍全球，让几十亿人大饱眼福，为之欢呼雀跃；它还为一些体育赛事增姿添彩、保驾护航。无论是摩托车赛、汽车拉力赛，还是登山运动、水上运动，都离不开电信的支持。在这些运动项目中，电信不仅起通信联络的作用，还为运动员提供安全和健康的保障。例如，在参加汽车拉力赛的运动员身上，通常都装备有测量血压、心跳的仪器，所测得的数据通过无线电发报机送到了"保健中心"。通过这种实时监测手段，可以有效地防止比赛中不测事件的发生。全球定位系统可以为登山运动员和横渡海峡的体育健儿指点迷津，使他们随时与指挥中心保持联系……除此之外，在体育比赛项目中，还有像"无线电测向"一类业余无线电运动，那更是集体育与电信于一身了。

我们很难想象，没有电信的体育将会怎样？没有电信，体育还会像今天那样风光，那样牵动人心吗？

同样，电信业也因体育而熠熠生辉。不信，我们可以回顾一下历届奥运会，哪一次不是电信新技术的"试验场"？许多电信新技术、新产品、新业务都是由体育的赛场走向广阔的市场，为广大百姓所认识、所接受的。因此可以说，电信因体育而精彩，体育因电信而疯狂。

这里，让我们"回放"一下历史上若干精彩片段，看一看通信（电信）是怎样与体育携手而行，最终成为体育不可或缺的伙伴的。

马拉松——原始的军事通信

1896年，有14个国家的241名选手参赛的首届奥林匹克运动会在希腊举行。在诸多的比赛项目中，马拉松是最受欢迎的项目之一。希腊牧羊人路易斯是这届奥运会该项目的金牌得主。

说起马拉松赛跑，它与"通信"还真有点渊源。

公元前490年的希波战争中，希腊军队以少胜多，在马拉松平原成功地击退了波斯十万大军的入侵。为了尽快把这一胜利的捷报传到雅典，当时的军队指挥官便派出了长跑优胜者斐迪庇第斯跑步前去送信。斐迪庇第斯接到命令后，立即从马拉松出发，以极快的速度跑完全程42.195千米。当他抵达雅典中心广场、完成这一光荣的使命后，便因体力耗尽，倒地而亡。

现代奥运会的马拉松比赛就是因此而得名的。它不仅铭记了一段扣人心弦的历史，也使得古代这种特殊的通信方式在世界性体育赛事中以一个项目保留了下来。

电报小试锋芒

1896年在雅典举行的第一届近代奥运会，不仅续写了人类奥运史新的篇章，同时也是电信与体育结缘的开始。

在那次奥运会上，前来采访的各国记者已经开始利用当时正在建设的电报通信网络，把运动会的赛况以及体育人物的趣闻轶事发回本国，然后通过各种新闻媒体广为传播。

1898年，也就是在无线电报发明后的第三年，它首先在报道体育赛事上公开露面。那一年，英国举办了一次游艇比赛，比赛的终点设在离岸20海里的海上。为了让岸上观众能立即知道比赛的结果，《都柏林快报》独出心裁，诚聘无线电报发明家马可尼作为信息员。游艇一到终点，乘坐小汽轮守候在终点的马可尼，便用他发明的无线电报机及时地向岸上通报比赛结果。顿时，岸上的观众无不欢欣雀跃。《都柏林快报》也因此捷足先登，抢先报道了比赛实况。在比赛当天的上午和下午，它各发行一次"号外"，凸显了新闻报道的及时性。

无线电报在报道体育赛事上小试锋芒，引起公众的很大轰动。他们由此预感到电信将给生活带来变化。

电视助奥运走向辉煌

1936年，电视作为大众传播媒介首次走进"奥运"赛场。当时应用于奥运实况转播的是闭路电视系统。大约有15万人在柏林的奥运村和市中心的礼堂、剧院内观看了比赛的实况转播。虽然在场外观赛的人数还很有限，但毕竟迈出了电视报道体育赛事的第一步。使人们看到了电视在体育传播上的潜力。

1948年，第14届奥运会在英国伦敦举行。在这次奥运会上，人们首次通过电视观看了各项奥运赛事的现场实况。

1964年，日本借助美国发射的"辛科姆"通信卫星，向全世界转播了第18届东京奥运会的实况，使全球数亿人大开眼界。这是通信卫星首次在报道全球性体育赛事上亮相。由于通信卫星的介入，突破电视转播的区域限制，放大了国际体育赛事的轰动效应。它使得全球各大洲的体育爱好者不管身处何地，都可以足不出户，几乎在同一时间欣赏到各类精彩的竞技表演。

在奥运会现场进行电视转播的情景

20世纪80年代之后，奥运会的卫星实况转播便风生水起，规模一步步扩大，并走向极致。在1980年的莫斯科奥运会上，共有67个电视台向全世界转播了6000小时的奥运实况；在1992年举行的巴塞罗那奥运会上，全世界通过卫星电视转播收看开幕式实况的，已达35亿人次；2008年，我国成为历史上第一个采用高清晰度电视直播奥运会实况的国家。此外，北京奥运会还通过将公共信号上传到卫星的方法，使得一些不发达国家或地区不派人到北京也同样能收到公共转播信号，从而大大扩充了奥运会电视转播的覆盖范围。

而今，围坐在电视机前观看奥运会以及世界杯足球赛、世乒赛，已成为全球体育爱好者的共同节日。万人空巷、几亿人同观一场比赛的情景已屡见不鲜。电视已成为体育走向世界并使之具有巨大吸引力的推动力量。

电视的独到之处是，它能用镜头捕捉比赛中的每一个精彩瞬间，可以通过放慢速度回放分析每一个动作的得失，并把运动员最精彩的表现呈现在亿万观众面前。

网络奥运初露端倪

在1996年亚特兰大奥运会上，首次使用了互联网技术。各大电信公司都在那里安营扎寨，把体育的竞技场演变成了它们施展实力的重要舞台。就在那次奥运会上，先进的网络通信手段开始渗透到奥运赛事的组织和传播之中。

2000年的悉尼奥运会，不仅建设了由基础传输网、内部电话网、视像传送网和数据传送网五大部分组成的奥林匹克专网，用于奥运赛事的组织、比赛成绩的统计、媒体新闻的采集以及奥运节目的发布等，还通过一个"呼叫中心"和多个相关网站与外界建立互动，活跃了奥运气氛，极大地激发起人们参与奥林匹克运动的热情。

2008年的北京奥运会，更是响亮地提出了"移动奥运""宽带奥运"的口号。在这次奥运会上，国际奥委会首次将互联网和手机等新媒体作为独立成员，与传统媒体一起列入奥运会的转播体系。央视国际（CCTV.com）成为这次奥运会唯一的官方互联网/移动平台转播机构。它在互联网、手机等多媒体终端上，为用户提供了数十路奥运赛事的直播和轮播。由于采用移动互联网技术，便将奥运带到了每个人的身边；也使通过网络收看奥运，成为本届奥运会的一个亮点和新的时尚。

手机电视出尽风头

在2008年的北京奥运会上，凭借着新布局第三代移动通信（简称3G）网络，在北京、上海、天津、广州、深圳等8个城市的用户可以通过3G手机收看奥运转播。与此同时，中国移动多媒体广播（CMMB）技术也开始在一些城市试验。这项技术是将广播电视节目和各项数据业务通过节目集成平台，再经传输系统上传到卫星，再由卫星直接或通过地面增补转发网络，使用户的车载电视、手机、个人数字助理（PDA）、MP3、MP4、笔记本电脑等移动终端可以接收到电视信号。它使用户乘车、逛公园或走在路上时，都不会错过观看奥运比赛的实况转播。用手机看奥运，成为2008年北京奥运会的一道亮丽风景。

通过手机看奥运

3D登台亮相

在2012年7月28日（北京时间）至8月12日举行的伦敦奥林匹克运动会上，电视转播迎来了一次新的历史性突破。在这届奥运会上，首次将3维电视转播技术全面引入奥运赛事，使全球拥有3D电视的用户可以身临其境，获得前所未有的全新奥运体验。

虽然，3D电视转播在2010年法国网球公开赛以及2010年南非世界杯足球赛上，已初露头角，但那只是在单个运动项目上的一次展示。而在这次伦敦奥运会上，3D转播覆盖了开幕式、闭幕式以及26个运动大项目中的12个，其中包括游泳、田径、体操、篮球、足球等，共涉

3D电视让人们有身临其境的感觉

及40多个赛场；每天的3D转播时间超过10个小时，总时长达242个小时。参加本届奥运3D转播的电视机构也有14家之多，规模堪称空前。

3D电视转播使用了全高清晰度摄像机。人们通过眼镜式和裸眼式两种电视接收方式，可以"零距离"地观看跳高运动员是如何跨过横杆的，感受到足球进门时的那一刻扑面而来的惊心动魄。由此而产生的强大视觉冲击力，彻底改变了人们以往在客厅观看比赛的感觉。

在2012年之后，电信又将以什么样的新技术助力奥运，更充分地展示奥运的风采呢？尽管我们很难做出准确的预测，但有一点却是肯定的，那就是在运动员们向人类极限发出新的冲刺的同时，电信也不会示弱。它在淋漓尽致地展现奥运风采、传播奥运精神上，将会永不止步。体育与电信这对伙伴，将会再续前缘，相约走进新的百年。

2011年11月

远程医疗悄然而至

　　远程医疗是电信为人类健康服务的新尝试。它将改变传统医疗的格局，为医疗逐渐走出资源短缺的困境而助力。

　　看病难、看病贵，已成为当今百姓经常谈论的一个话题。造成这种状况的主要原因之一，便是医疗资源的短缺和分配不均。它导致全国许多地方的疑难病患者不得不跋山涉水，涌向大城市求医问药。北京、上海等医疗条件较好的大城市的医院更是门庭若市、不堪重负。

　　送医上门、让那些身处穷乡僻壤的患者也能得到良好的诊治，这是多少

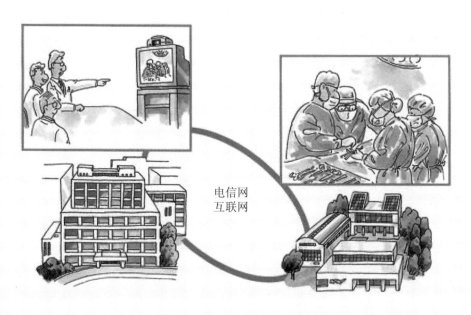

电信网
互联网

远程医疗示意图

年来人们梦寐以求的。现在，随着信息时代的到来，依托现代通信、计算机以及人工智能等先进技术，上述梦想正在一步步变成现实。一种被称为"远程医疗"的新医疗方式已悄然而至。

远程诊断

对疾病作出正确的诊断，是实现有效治疗的前提。深受长途跋涉投医问药和排长队挂号之苦的患者，是多么盼望"送医上门"的那一天的到来啊。

1997年4月11日8时，一场由中美几十位专家参

远程诊断：医疗中心的一位医生正在通过由电信网传送过来的X线胸片为远端的患者诊病

加的"越洋会诊"拉开了帷幕。患者是中国的一名5岁的男孩。1996年9月，他由于颈部疼痛，被送到山东某医院就诊，当时被作为一般的感染进行治疗，后来由于出现种种其他反应，被转至北京协和医院就诊。经过多项检查，北京协和医院医生诊断其患有隐球菌感染淋巴肉芽肿。这是一种极其少见的病，全世界仅有几例，在我国属首次发现。为了寻找有效的治疗方法，经联络后，中美专家决定对他进行一次通过电视会议的远程会诊。

会诊在这一年的4月9日和4月14日分两次进行，有聚集在北京和美国波士顿两地的几十名中外专家参加。参加会诊的双方通过电视影像所展现的患者有关病况和检查结果，对病情作出了诊断，并确定了治疗方案。

这次会诊的成功表明，利用现代电信网络不仅可以分享世界先进的医疗技术和经验，还可以开展全球范围内的医疗合作。远程诊断，就好比是把名医请回家，使最优化的医疗资源为全社会共享。

利用现代的电信网络，远地患者的心电图、脑电图、脉象、X线透视图，以及尿样、血糖含量等数据均可以在瞬息之间传到城市医疗中心专家的案头，或显示在高清晰度电视屏幕上，也可以用打印机打印出来。据此，医疗专家便可以对患者的病情进行监视、作出判断，并确定合理的治疗方案。诊断结果和药方，可以立即用电子邮件传送到患者所在地附近的医院或药房，嘱他们"送药上门"。

遥控手术

1996年年初，一条有关世界首例遥控手术获得成功的报道，引起人们广泛的兴趣，也使医学界为之一震。

这一年的2月9日，比利时医生与荷兰同行合作，通过电话线路遥控远在数百里之外的机器人，对一位下腹疼痛原因不明的荷兰患者成功地进行了一次外科手术。

手术是在患者入住的荷兰钮亨市圣安东尼医院的手术室里进行的。首先，荷兰医生戈尔在患者的下腹部切开了一个小口。随后，在比利时布鲁日的圣卢卡医院实验室里，著名的外科医生范德海顿便开始通过电话线路，对荷兰手术室里的机器人进行遥控。先是将一个微型摄像机探入患者下腹部的切口进行检查，仅用5分钟时间便确诊患者患有疝气；之后，便由戈尔医生以传统方式为患者做手术。在整个过程中，荷、比两国的医生始终用电视电话保持联系。来自世界各地的150多位专家在现场观摩了这次手术。

据称，这次手术是世界上首例遥控外科手术。它的意义在于，一旦这种方式得到完善，外科医生便可通过遥控为那些身在偏远地区的患者异地进行手术，甚至在必要时还可对身处太空的宇航员进行手术。遥控手术不仅给患者带来极大的便利，还可避免医生在手术过程可能受患者感染的危险。

2002年9月7日，又传来了世界首例越洋遥控手术获得成功的消息。这次手术是一名身在美国的法国医生雅克·马雷斯科，为一位远在大西洋彼岸的法国妇女所进行的胆囊摘除手术。这是跨越7000多千米所进行的一次手术。

手术是雅克医生通过电视屏幕操纵机械手，远程遥控法国手术室中的"宙斯"机器人完成的，整个手术仅耗时54分钟。雅克医生认为，手术的成功很大程度上得益于信号传递速度的大幅度提高，它使手术的安全性有了保证。

尽管，遥控手术的前景乐观，但也还有一些技术问题（如信号滞后等）有待进一步解决；另外，遥控手术费用如何降至普通百姓所能接受的水平，也还有一段路要走。

移动医院

说到"移动医院"，人们或许会想到当年奔走在乡间小道上为百姓送医送药的"赤脚医生"。赤脚医生这种流动医疗服务方式，是建立在极其简单、落后的技术基础之上的。而我们这里所说的移动医院，则是装备有X射线机、磁共振成像仪、心电图仪以及卫星天线等一类先进设施的车载医院。它的出现，使家庭巡诊再一次回到了主流医疗中来。

这种移动医院可以直接对患者实现上门服务，对患者的检查结果可以通过车上装载的无线通信设备或卫星天线实时地传送到医疗中心，以便那里的专家作出诊断并传回有关治疗和用药的指示。移动医院变家庭和医院之间的人员流动为看不见的数据流动。现在，一些地方社区医院的医生们，已经装备了一种像笔记本那样大小的"多功能体征检测仪"，不仅可以当场检查患者

2002年9月7日，世界首例跨洋遥控手术遥控现场

血压、脉搏、血氧等多种体态特征，还可以将患者的心电图、血糖等各种信息随时录入，并传回医院检测中心。

移动医疗已经发展到使极普通的手机派上用场。例如，在某老年旅行团里，就有一位随团的体检医生。他一手拿着手机，一手把"大夹子"夹在一位老者的手腕和脚腕处。不一会儿，在他的手机屏幕上便出现了这位老者心脏跳动的曲线；同时，这个图像便立即通过移动通信网络传到了医院，显示在读片医生的案头上。医生通过对比，便可立即把诊断结果返回到体检医生的手机上。

另外还有一种内置心电图传感器的智能手机，只要你用手握住这种手机，30秒钟后，即可完成对心电数据的采集和传送。通过这种方式可以实现对心血管病的远程诊断和监示。

通过无线通信网络实现的远程医疗，有着一个十分诱人的市场。仅美国一个国家，2010年市场价值便达到了200亿美元。不过，黑客攻击等信息安全隐患也使人们对它还不那么放心，影响到它的进一步推广。

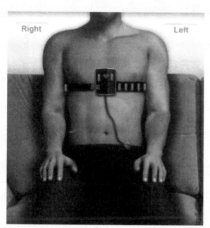

内置心电图传感器的智能手机。它能完成患者心电图的采集和传送

2011年8月，一名叫杰罗姆·拉德克利夫顿的信息安全研究员作了一次演示：他利用网络攻击入侵具有无线功能的胰岛素泵，使之受控以至于关掉，这无疑将对糖尿病患者的生存造成严重威胁，甚至可因此而实施谋杀。除此之外，易受黑客入侵的医疗设备还有心脏起搏器和静脉注射泵等。

现在，被称为"护盾"的反黑客装置已经问世。它可以成为植入仪器与医生之间的数据中转站。尽管它同时接收植入仪器信号和外来信号，但只通过安全渠道向医生传送植入仪器信号，从而使黑客的入侵不能得逞。

今天，作为实现"远程医疗"基础设施的现代电信网，已经发展成了包括卫星、地面光纤、微波以及海底电缆、海底光缆在内的立体网络，几乎覆盖了整个地球。凭借着这样一个网络所建立的"远程医疗"系统，其神通也是可想而知的。

2011年11月

何处觅知音
——搜寻外星生命的踪迹

　　浩瀚无际的宇宙，始终牵动着地球人的万千思绪。人们期待着有朝一日，通过科学之耳听到来自太空的回音，用科学之眼看到外星文明的一缕曙光。

　　在波多黎各的阿雷西沃天文观测站的冰箱里，常备着一瓶上好的香槟。它静静地"躺"在那里，等待着一个人类历史上最激动人心的时刻的到来。在那一刻，观测站收到了外星智慧生命的信号，庆祝人类在搜寻地外生命历程中的重大突破。

　　多少年来，孤独的地球人从未放弃过在浩瀚无际的宇宙中寻找"知音"的努力。虽然至今还没有取得任何有说服力的成果，可以证明地外文明确实存在。但是，大多数人还是相信，在宇宙上百亿的光年里，不可能只诞生"太阳系地球"这唯一的文明。基于这样一种信念，人们一次次地向太空"喊话"，一趟趟地派出"使者"向渺渺的宇宙进发。

　　在成千上万个太空探测

电影《接触未来》的海报。这是一部根据卡尔·萨根同名科幻小说改编的有关外星人的电影

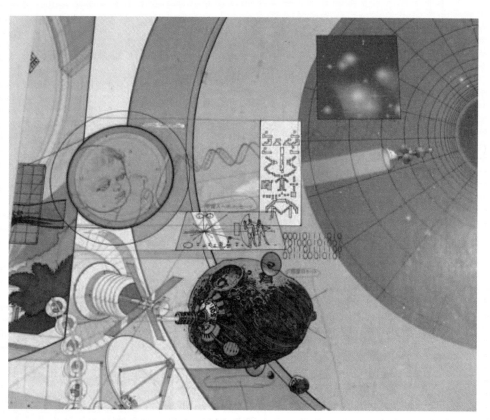

地球人一次次向想象中的外星人送去信息

者中，吉尔·塔特便是其中一位对搜寻地外生命情有独钟的人。她心甘情愿地把一生中的大半时间花在这件至今看来仍然十分渺茫的事情上。

说起吉尔·塔特，很多人可能并不知晓；但提起科幻作家卡尔·萨根的小说《接触未来》及其同名电影中的女主人公，大家或许并不生疏。原来，吉尔·塔特便是这位女主人公的原型，一个执着追寻外星生命踪迹的科学家。

塔特的父亲曾经是一名美国职业运动员，他希望自己的女儿从小就培养起那些属于女性的爱好。可从8岁起，塔特便立志成为一名工程师，上大学时她果真成了工程系300个学生中的唯一女性。后来她改学天体物理学，并于20世纪70年代如愿以偿地进入了美国国家航空航天局工作。在那里，她受到天文学家斯图尔特·鲍耶的邀请，加入了搜寻地外文明的计划，成为投身于寻找地外智慧生命的第一代科技人员。

塔特力图通过寻找和捕捉来自外星的电波，来发现外星生命的蛛丝马迹。

她认为，如果有外星智慧生命存在，他们也会设法与外界取得联系的。而无线电波正是能够冲破时空的阻隔、往来于宇宙星际之间的理想使者。

近40年来，有很多机构都在实施寻找地外智慧生命的计划。塔特参与的凤凰计划便是其中重要的一个。科学家们计划用10年的时间探测附近星球人发出的信号，由此发现外星生命的迹象。后来由于有关方面取消赞助，致使这项计划中途搁浅，塔特也因此遭受到职业生涯中一次毁灭性的打击，但她毫无退缩之意。她找到了当时已75岁高龄的奥利弗，使凤凰计划在私人经费的赞助下再一次获得新生。

曾经两度，吉尔·塔特似乎已经触摸到了外星文明的天空，但最后都是空欢喜一场。她坦承，"找到外星智慧生命，就像是大海捞针一样难！"她多次抚摸着冰箱里那瓶香槟，憧憬着开瓶畅饮、举杯同庆那一刻的到来……

迄今，多情的地球人已向想象中的外星人送去许多信息，包括一份以二进制代码编制的电报（1974年），一张镀金铜质唱片（1988—1989年，由美国发射的"旅行者"探测器携带），6个带文字和图案的"信息盘"（2004年）以及"太空博客日志"（2005年）等等。有的国家还组织民众加入与寻找地外文明有关的活动。例如，美国科学家组织世界上数以百万计的志愿者参加一项SETI@Home计划（在家寻找地外文明计划）。它要求志愿者把身边的计算机贡献出来，投入这项活动。当志愿者不使用计算机时，一种被称为"在家寻找外星人"的屏幕保护程序便会启动。于是，这些计算机便开始分析来自波多黎各的射电望远镜所捕获的信

位于波多黎各的阿雷卡纳特天文望远镜。它用于搜索和分析来自类星体和脉冲星的无线电信号，是"寻找外星文明计划"的一个组成部分

息，然后把结果传回到设在美国加州大学伯克利分校的研究基地，以便发现外星人的蛛丝马迹。

尽管，我们现在还没有找到存在外星人的确凿证据，但谁也不能否定，找到外星生命的这种可能性。2011年，美国科学家声称已发现"外星生命"；美国天文学家肖斯塔克和巴内特甚至在《宇宙公司》一书中大胆预测，2025年地球人将与外星人取得联系。

大多数科学家都认为，如果真有外星人存在，他们与我们联系或向我们发出威胁的最可能的途径，就是通过无线电信号。

1959年，美国康奈尔大学物理学家塞皮·科科尼和菲利普·莫里森在英国《自然》杂志上发表了一篇重要论文，提出进行"星际无线电通信的可能性"。这篇论文被认为是利用射电天文学技术寻找地外文明计划（SETI）的开篇。

目前，寻找地外文明的工作主要循着以下三个思路在进行：

1．监听外星电波：多数科学家认为，如果真有外星人存在，他们在日常活动中使用的无线电波也会泄漏到宇宙空间，甚至会有意识地向宇宙空间发送联络电波。

2．向外星空间发送有关地球和地球人类的信息。

3．探测宇宙空间可能有生命繁衍的太阳系以外的行星。

从20世纪六七十年代起，天文学家们便开始利用大型射电天文望远镜来收集来自宇宙的无线电信号。另外，考虑到外星人也可能用光来与地球联系，因此，用光学望远镜捕捉地球外的文明之光，便成为探测地外生命的新方向。

1960年4月，一项由美国射电天文台的弗兰克·德雷克主持的、名为"奥兹玛"（Ozma）的监听外星人计划正式启动。这项计划动用了一个直径约为26米的射电望远镜，对两颗与太阳类似且离地球较近的恒星进行监测。

2011年5月，实施"奥兹玛"计划的美国西弗吉尼亚州绿岸天文台，开始建设一个目前世界上最大的全自动射电望远镜。它的观测对象是美国航空航天局开普勒天文望远镜发现的1235颗类地行星中的86颗星。据科学家介绍，这些星球的大气温度均在0至100摄氏度之间，存在生命的可能性最大。

新建的绿岸射电望远镜约有43层楼高，碟形天线活动表面长宽各100米，由2000多块小型反射板组成。它每秒钟所获得的数据量可达1千兆（即1G）

遥望浩瀚天际，不禁使人浮想联翩：人类的知音，你在哪里

字节；一天收集到的信息相当于位于波多黎各西北部的阿雷西沃射电望远镜的一年所获。

"绿岸"搜寻外星生命的行动，吸引了全球近百万名天文爱好者参与。他们利用自己家中的电脑，协助处理"绿岸"收集到的海量信息。

现在，我国贵州正在兴建目前世界上最大的、口径达500米的射电望远镜；我国还将参与在2016年开工、2024年完成的全世界最大规模的射电望远镜阵列（SKA）项目。SKA项目由3000台直径约15米的较小天线组成，其灵敏度高出现有探测设备的50倍，搜寻速度高出1万倍。它将在未来寻找宇宙智慧生命中担负重任，人们期盼着能在未来的宇宙探索中有更多激动人心的发现。

《天涯咫尺》2013年3月

潮来时的思考
——无线化的福与祸

　　我们已置身于无线电波的汪洋大海之中。在你享受视觉和听觉盛宴之时，是否意识到周围电子雾的严重威胁，以及各种无用电波的纷扰。净化环境，趋利避害，是我们面对"无线化"应有的选择。

　　百年无线，历尽坎坷，几度潮起潮落。它的辉煌业绩，似歌似泣；它所酿成的灾难，也让人望而生畏。无线时代是祸是福，给我们留下了诸多的思考。

时尚与潮流

　　世纪之交，几经曲折的无线通信再一次春潮涌动，给我们这个世界带来无限的风光和勃勃的生机。今天，人们对于昔日排长队装电话的情景，早已淡忘，而开始热衷于手持手机，腰别BP机的移动时尚。即便是在每个人的家里，电话虽依然是堂上之客，但也已无往昔之风光，无绳电话已夺去了它的半壁江山；有的家庭甚至取消了座机，让手机担负起对外联络的所有任务。风头正劲的互联网如日中天。然而，人们在还未过够用个人计算机上网冲浪的瘾时，便已萌发"喜新厌旧"之念，对束缚它自由的那根电话线心怀不满。一场剪断"脐带"，移情无线互联网的革命已经开始，且已形成不可阻挡的潮流。1999年以来，各大手机生产厂家纷纷以移动上网为标榜，推出各种新款WAP手机，使人们霎时间仿佛感到，万千信息"尽在指掌之中"。另外，由于电池技术的日趋优良，电信和电气设备能耗的大幅度降低，以及射频无线电技术的进一步应用，有形的连线渐将消失，"插头"会变得过时。今天，人们常使用的无线电设备，有收音机、电视机、寻呼机、移动电话手机、无线话筒、遥控汽车钥匙等，充其量也只有几十件，而今后可能会增加到几百件、上千件。所有这些没有生命的电子设备之间，都将用无线电信号彼此传递信息和进行对话。这不是梦，而是不久之后的现实。一个五光十色的无线世界已呈现在我们的眼前。

在天上，低轨道通信卫星与相关的地面设施组成的全球卫星通信系统，正用无线电波将地球表面无缝地覆盖起来，使得人们不论身处何方，也不论在何时何刻，都能与地球上任何一个别的个人，以任何一种通信方式建立联系。它使生活在偏远地区的人们能通过无线电波接受良好的教育，并获得远程医疗。海事卫星通信的发展，催生了一种全新的"全球海上遇险与安全系统"——GMDSS。1999年，它全面接替了战功卓著的莫尔斯电报，使"…———…"的SOS信号成了百年绝唱。SOS的退役，标志着无线通信告别传统，走向新的辉煌。在现代无线通信的庇护下，类似泰坦尼克的惨剧将不再发生，人类的生命财产安全有了进一步的保障。

无线通信开创了移动办公，以及在移动中购物、炒股和获取自己所需要信息等新的生活方式。它使人们工作效率倍增，生活充满情趣，使有限的生命在无限的空间得到延伸。

无线，不仅演绎了人类生活中的一个个"神话"，也在现代战争中创造了惊人的奇迹。1991年，全球卫星定位系统（GPS）在海湾战争中出尽风头，被称作"茫茫沙漠中的明灯"；1996年，现代无线技术通过对车臣叛军首脑杜达耶夫移动电话的跟踪，对他进行了准确的袭击……所有这一切都表明，今天的无线电技术比起第二次世界大战时期来，不知要高明了多少倍！说它"无处不在，无远弗届"，毫不为过。

说起GPS，想当初还是美国"星球大战"计划中的"秘密武器"，它是专为美国海、陆、空军提供的全球、全天候、连续、实时的高精度导航系统。而今，它除了继续用于军事外，还"下嫁"民间，在交通调度、逃犯追踪等方面屡建奇功，甚至还能为盲人引路，为沙漠之旅指点迷津……

仰望浩瀚的天际，人们一直充满着遐想与好奇。地球以外到底有无智慧生命，这始终是一个牵动着亿万人心的谜。多年来，人们一直在搜索并分析来自宇宙的无线电波，把它作为寻找天外知音的突破口；与此同时，人们也把说明自己"身世"和"境况"的无线电信号发往茫茫宇宙，希望有朝一日能为外星人所截获，并听到他们的回答。现在，一项在网上寻找外星人的计划已经启动。它同样是从分析来自宇宙的无线电波入手，只不过是用了互联网这个先进的工具罢了。由此可见，无线电不仅将作为人类通信的重要手段在未来的世纪里大放异彩，还将成为人类与外星空间沟通和联络不可缺少的工具。

事实正如世界技术展望学倡导者戴维·史密斯所指出的："普遍个性化的电信时代即将来临。无线传输将成为这一革命的主要载体。世界将成为一个全球网，人们可以在任何地点把这种网作为信息传递的手段。"

负面的警示

无线电通信延伸了人类的视觉和听觉，使人们的工作效率提高，生活环境变得更为舒适。但是，正如《高科技·高思维》的作者约翰·奈斯比特所指出的，人类在渴望使用科技突破一切极限的同时，却往往忽略了它所可能导致的后果。

由于家用电器和通信设备，特别是无线通信设备的广泛使用，在我们周围的空间已是电波密集，"险情"四伏了。如果一些电子设备对无用电波的入侵缺乏足够的抵制能力，就有可能造成这些设备的异常，给生活带来一片混乱。例如，干扰会使电话机突然铃声大作，使电源无缘无故地被切断，使原本关闭的自动门不打自开，使汽车急启动或急刹车，使心脏病患者的起搏器出现异常，等等。人们把这一切形象地称为"电波恶作剧"。

前一个时期，不少报刊上都有过关于手机致癌、致病的报道，引起了人们对电磁辐射的进一步警觉。尽管电磁辐射的人体效应至今仍无定论，很多问题尚在研究之中，但超过一定量的电磁辐射将会给人体带来不良影响，造成种种不良征兆，这似乎已成共识。就在这

各种电子设备在使用过程中都会有不同波长的电磁波释放出来，形成看不见、摸不着，对人类健康十分有害的"电子雾"

种背景下，对入网手机进行电磁兼容检测的工作已经开始；人们在购买手机时，除了关心它的功能、外形和价格之外，对它的电磁指标也多了一份关心。此外，类似手机无线听筒一类的产品也应运而生。其卖点便是能让人们尽量远离电磁辐射源。

电磁干扰还被认为是造成多起民航客机机毁人亡的罪魁祸首。1991年，美国劳达航空公司的一架客机坠毁，机上223人全部丧生。事后据有关专家分析，这是由于乘客中有人使用手机或笔记本电脑所致。此后，1996年的巴西空难和1998年台湾飞机的失事，也都与乘客使用手机有关。无线电干扰对飞机的影响，主要是它扰乱了导航系统的正常工作，最终导致飞机偏离航向，或在起飞、降落时驶离跑道。除此之外，无线电干扰还会对医院等电子器械密集的场所带来严重影响。电磁干扰会造成医院病理监测数据出错，患者手术失误等不堪设想的后果。也正因为电磁辐射有上述种种劣迹，人们送了它一个恶名，叫"无形杀手"。

电磁干扰也是造成飞机事故的原因之一

信息社会趋向无线化，是不可抗拒的历史潮流。它为人类想象力的进一步展现提供了一个新的舞台。而今，无线化虽然是初露端倪，但可以预期，今后它不仅会在通信领域大显身手，还将在改变人们的工作、娱乐、购物、办公等方面扮演重要角色。当无线化大潮给我们带来舒适、喜悦和希望的时候，我们应该敏锐地注意到频频而来的警示信号。就像大自然在呼唤人们停止对森林资源的乱砍滥伐一样，人类的美好环境也要求我们更加善用科技。不加节制地滥用有限的无线电频率资源，其后果就会像植被的破坏导致荒漠化一样。今天，我们已经充分享受到无线电所创造的美好生活，也开始尝到无序使用无线电的严重后果。为无线电管理立法，深入研究电磁干扰对人体的影响，以及采取应对电磁干扰的种种技术措施，已渐渐成为人们的共识。这是可喜的迹象，是人类智慧的觉醒和理性的回归。

《知识就是力量》 2000年第8期

走向融合

　　电信网、计算机网和有线电视网"三网融合"的号角已经吹响。虽然路途曲折，但却是大势所趋，众望所归！

　　融合，是电信发展的趋势，也可以说是当今人类社会发展的一种趋势。从来没有一项技术像今天的电信技术这样与人们的生活密切相关。从固定电话到移动电话，从交互式电视（ITV）到网络电视（IPTV），电信技术在不断发展，人们享受到的服务也越来越多，越来越先进，越来越方便。

　　在不久前举办的科博会上，"中国电信"与"长虹"强强联手，推出了一种叫"视际通"的液晶电视。这不是一般概念的"电视"，因为它除了具备普通电视所具备的全部功能外，还具有视频通话、电视会议、远程教学、远程医疗等多种功能；如果连接电脑主机，他便成了个人计算机的显示终端。可见，"视际通"是一种融通信（communication）、计算机（computer）和消费类电子（consumer electronic）为一体的技术和产品。上述这种融合，人们取其英文单词的词头，把它简称为"3C融合"。你或许已经注意到，正在造势的"数字家庭"便是"3C融合"的产物。它的出现，将为人

会议电视——电视技术和远距离通信技术相融合的产物

217

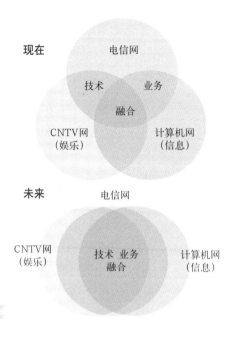

现在

电信网

技术　业务

融合

CNTV网
（娱乐）

计算机网
（信息）

未来　电信网

CNTV网
（娱乐）

技术　业务
融合

计算机网
（信息）

"三网融合"概念图

们的家居生活带来革命性的变化。

融合不是1+1=2或1+1+1=3，它是通过技术的互补、资源的整合而产生的一项项传统电信所无法企及的业务，带给人们的是全新的体验。它所产生的是1+1>2或1+1+1>3的效果。"融合"作为一种理念，已经在人们中间达成共识。就连处在激烈竞争中的固定电话和移动电话之间，也在寻找融合之路；多少年来一直属于3个不同行业的电信网、计算机网和有线电视网，也已开始"谈婚论嫁"——这就是人们常说的"三网融合"或"三网合一"。一旦这3个原先各自独立的网络实现了互联互通，在业务上形成相互交叉、相互渗透、无缝覆盖的新格局，他们宝贵的网络资源就能实现最大限度的共享，避免低水平的重复建设。对于普通百姓来说，好处也是显而易见的。到那时，人们只要通过一个单一的网络，便能获得多样化、多媒体化、个性化的服务，满足各种不同的需要。

融合的市场推动力是人们消费的日益多样化和个性化；融合的技术依托便是数字技术、光纤通信技术、软件技术和互联网技术等的迅速发展。尽管，融合之路还十分漫长，但既然融合的历史脚步声已经响起，我们便有理由期待着因融合而产生的一个个奇迹在我们身边发生。让我们拭目以待。

一号通：固定电话与移动电话的融合

城市里有不少人，他们除了家里装有固定电话外，还随身带着移动电话手机、"小灵通"或寻呼机等。目前的状况是一机一号，不仅记起来不方便，而且由于对方不知你身边有哪一种终端，选择不好便会"错位"，出现与你联系不上的尴尬。

针对以上情况，中国电信、中国铁通等电信运营商推出了一种叫"一号通"的业务。"一号通"业务又叫"一号多机业务"。它是将用户所持有的各

流光墨韵

——陈芳烈科学文化记忆

种终端都"捆绑"在一起，用一个虚拟号码对外。对方只要拨通这个虚拟号码，便能与你所有这些终端设备接通。譬如说，当对方拨通这个虚拟号码时，你家里的固定电话首先响铃，如果你家的电话无人接听，它可以依次将电话接到你的手机、"小灵通"、寻呼机等，直到把你找到。这样，不管你有几个终端，只需到电信部门申请一个虚拟号码。当有来电时，"一号通"便

IPTV网络电视可以在收看时间、收看内容和收看方式上与观众实现互动

会依照你所设定的顺序一个个呼叫你的终端而不致错过。"一号通"号码在全国范围内具有唯一性，就像一个人的身份证号码一样。你对外只需公布一个"一号通"号码，自己的住宅电话号码、手机号码、"小灵通"号码均无需告知他人。有来电时，对方也不会知道你身处何方、使用哪个终端接听。因此，这项业务还具有很好的隐私性。

"一号通"的"一号"实际上是在本地固定电话智能网上开通的一个个人虚拟号码。当对方拨打这个虚拟号码时，固定网中的网关便会将它转移到智能平台，然后再由智能平台根据用户事先设定的终端（包括固定的和移动的）应答顺序将呼叫一次次转接到不同的终端，直到在某一个终端上建立通信为止。

"一号通"是2003年在中国电信市场上初露头角的。它首开固定通信和移动通信两种业务融合之先河。由于我们可以通过设定，用固定电话来接听手机的来电，可以使通话的费用得到节省。业内专家认为，进一步实现固定电话网与移动电话网的融合，打造全业务运营，已是电信业发展的明显趋势。

IPTV见证新媒体时代

IPTV就是网络电视。与传统的广播电视和有线电视不同，它是以宽带互联网为媒介，采用IP（互联网协议）技术来传送电视节目的，是一种新颖的电视运营模式。

IPTV主要由节目源（内容提供系统）、网络电视播出前端、宽带互联网

媒介以及用户终端（内容接收系统）等4个部分组成。用户可以通过个人计算机、家用电视机+IP机顶盒、手机以及其他可以接入互联网的终端设备收看网络电视节目。

网络电视的最主要特点是它的交互性和实时性。通过IPTV系统，既可以向用户直播质量接近于DVD水平的视频节目，又可以让用户随心所欲地点播自己所想要看的节目，或获得各种交互式信息服务和娱乐服务。可以看出，它不仅融语音、数据、视频为一体，而且正在使互联网、通信网和广播电视网的界限逐步走向消失。它的出现，预示着一个新媒体时代的到来。

IPTV的概念是1999年由英国的一家公司首先提出来的。从去年开始，在我国引起了广泛的关注。目前，中央电视台、上海文广传媒、北广影视等电视内容制作商都相继宣布进入网络电视领域；中视网络的网络电视节目已在全国8个省（市）落地，目标直指全国30个城市的1500万用户。尽管网络电视的市场前景看好，但获得普遍应用还有一段艰难的路要走。

生活因3G更精彩

近年来，有关第三代移动通信（简称3G）的议论不绝于耳。这使得这个原本非常专业的名词几乎到了家喻户晓的程度。现在，3G的脚步声已越来越近，预计用不了多久，我们便能在国内市场上一睹其芳容。

3G为什么会如此引人注目呢？其主要原因恐怕还在于它突破了传统移动电话以通话为主的局限性，给人们带来了全新的生活体验。

3G与现有2G移动电话的不同点，是它具有传送高速数据的能力。它能够在移动中进行闻声见影的电视电话通信，可以与互联网相连，随时随地从网上浏览并下载信息（包括下载视频），或者通过互联网进行账户充值，进而实现移动小额支付；通过3G手机发送电子邮件时，人们可以将自己喜欢的背景图案以动画方式添加到邮件中去，使它变得更加传神。此外，通过3G网络，人们还可以对自己家中的情况进行远距离监控。最有吸引力的应用恐怕还是，人们通过3G手机可以24小时收看各种电视节目或进行视频点播、玩网络游戏……可见，3G将全面改变我们的生活。由于3G业务的开发还刚刚开始，是否还会出现更具震撼力的杀手级应用，亦属难料。

编创杂谈

创意——出版业不竭的源泉

这些年来，每当走进图书大厦，便仿佛置身于书的海洋。出书之多，出书之快，令人叹为观止。记得，我在做编辑的时候，常以我们社"日出一书"而引以为自豪，拿到现在，根本就不值一提了；过去，一本书从组稿到出版，运作三两年那是常事，而现在，一些聚焦重大事件、配合主旋律的图书，在时效上几近达到与事件同步的水平，而且同时推出的往往不只是一部两部的。不能不说，这些变化是出版业繁荣的标志，是出版人敏感性的增强和主体意识觉醒的象征。

出版业的快速发展，无疑也对出版人的创造力提出了新的挑战，其中，创意的乏力，常常成了制约出版业进一步发展的一根软肋。

重复出版与创意的缺失

客观地讲，在出版业开放式经营的年代，随着专业分工的淡化，出现一定程度的重复出版是不足为奇的。过去出书要先"查重"，现在没有这种约束了，于是便出现了许多出版单位争抢同一个热门出版资源的现象。从积极的意义上讲，它也有利于优胜劣汰，在竞争中使一些精品脱颖而出。

但从另一方面，我们也不能不看到，由于"克隆""跟风"的盛行，导致有限出版资源的浪费，以及人力、物力上的无谓消耗。例如，据有关文章披露，从汶川大地震发生到2008年5月底，全国就有40余家出版社出版了90余种抗震救灾的图书。节能减排方面的图书，也有类似的情况。出书多不是问题，问题在于这类书有相当一部分大同小异，是在一个较低层次上的重复。创意是文化产业的灵魂，每一个行动，每一个产品都需要有不同的创意。这正是文化的价值所在。而由重复出版引起的过度竞争，正是创意缺失的表现。

其实，选题资源的重复使用并不一定导致跟风炒作，关键是看你在利用这些资源时是否融入自己的创意，创造出其他同类产品所没有的特色。例如，曾经吸引过不少中外观众眼球的好莱坞动画片《花木兰》和《功夫熊猫》，都是借用了极普通的中国文化元素演绎而成的。但由于在故事编排和数字技术的应用上富有创意，因而人们并不嫌其题材老旧，照样是刮目相看。又如浙江少儿出版社的儿童版《唐诗三百首》，由于采用了少年儿童所喜闻乐见的诗配画加拼音的方式，加上在选材、注释、包装等方面都作了贴近少年儿童的独具匠心的安排，因而也取得了不俗的市场效果。这棵从"老树"上长出的"新枝"，却成了许多少年儿童走进古典文学殿堂的启蒙读物。

所以我认为，出版资源的选择固然重要，但用好资源，在每个环节注入出版人的创意和智慧同样不可忽视。创意是谋求出版效益最大化必不可少的条件。

浙江少儿版《唐诗三百首》是旧题材的新演绎。切合少年儿童的选材，精品一诗一图，通俗浅显的注释和解说，以及加注拼音等周到考虑，使这本书成为少年儿童所喜爱的畅销书。

选题的深层次发掘与创新思维

选题的深层次发掘主要是指基于对选题文化内涵的把握，不断以新的思路、新的视角和新的表现形式去创造适合于不同读者群体的文化产品，赋予它们以自己所独有的鲜明特色。选题的深层次开发不仅

迪士尼卡通电影《花木兰》是典型的以中国传统文化为内涵，用西方的理念以及现代数字技术重新包装和演绎的文化艺术作品。

可以拉开同题材"产品"之间的距离，避免"千人一面"，给读者以更多的选择余地。更重要的是它能更深入地揭示事物的本质。

在内容的选择上，应该多研究读者多样的和不断变化着的需求，避开与其他同类书的大量重复。其中，根据社会的发展和科技的进步，不断充实新的内容，填补某些方面的空白，做到"人无我有"，应属于重点考虑之列。如果已经有了同样题材的产品，我们也可以通过改变叙述角度、选择新的切入点和不同的组合编排方式等，赋予它全新的面目。对于如科普图书一类的通俗读物，在通俗化和传播方式上有很大的创新空间。例如，在如何变抽象为具体、化枯燥为生动以及在启发想象力、形成与读者的互动等方面，都可以施展图书策划者在创意上的功力。另外，为了适应读者思维方式和阅读习惯的改变，在选题开发上还应对科学技术与人文的融合，以及各种新的表达方式（包括多媒体技术的运用）给予更多的关注。

选题的深层次发掘是出版业创新的重点之一。它要求出版人在各个出版环节都融入创新思维，精心谋划，独辟蹊径，在营造出版物的个性上舍得费力气、下工夫。

"内容为王"与特色创新

出版物与其他文化产品的社会功能和影响力，主要是由它的内容所决定的，因此人们常说"内容为王"。但是，把内容做好也不是一件轻而易举的事。

2009年，我曾经观摩过一批参评的科普动漫作品，留下了十分深刻的印象。首先从参评之踊跃足见我国动漫产业正风生水起，呈现蓬勃发展的势头；其次，许多作品都直击环保、节能减排等重大主题，说明对时代潮流的关注。但是，从这一大批作品中，我们也不难发现题材的单一，创意的乏力仍然是一个比较普遍性的问题。以动物形象（或卡通人物形象）加科普内容形成主题，然后通过数字制作变成为影视作品进行传播，这是目前我国大部分动漫作品的产品模式。在这里，故事不仅是科普的载体，也是作品吸引人、打动人的关键。因此，如何把故事讲好，编写出具有科学内涵和人文精髓的好故事，是动漫作品取得成功的重要基础，而目前有不少科普动漫作品都缺少故事，还停留在直白式和平面式的原理性解说之上。有的虽有故事，但往往游离于科学内容之外，没有找到一个把两者融为一体的很好的结合点，甚至还有借动物之口说出一大堆科学道理的简单化做法，而不顾及其效果如何。类似这样的问题，在一些科普图书中也同样存在。

不同类型的出版物，应具有不同的创新重点。例如对学术著作而言，比较强调的是它的首创性，以及学术见解的独到之处；而科普作品传播的是人类已知的科学技术知识和技能，虽对其科学性有严格要求，但并不要求这些内容都是新的创见。而对与传播效果直接相关联的传播理念和传播的形式，在科普作品中却受到格外的关注。也就是说，它的创新除了表现在内容方面，还表现在通俗化、人文融合以及表达方式的选择上。当然，这里也少不了要有故事，要有能打动人的过程和细节。

我认为，动漫作品也好，图书也好，从开始策划之时起，便应研究它的创新点以及创意的着力点，考虑如何形成自己区别于其他产品的特色。然后，要在每个环节上运用创意思维，为特色的形成做出切实的努力。譬如，如何编好故事，使它既感人又能达到传播科学文化内涵的效果；在表现方式上既要遵循内容决定形式的原则，又要考虑如何融入时尚元素，为读者或观众所喜闻乐见，等等。

在创造特色方面有许多成功的案例值得借鉴。例如，被人称为"大漠瑰宝"的《读者》，便是以特色牢牢吸引读者的高手。其"绝招"就在于它善于挖掘小人物背后的精神力量，以真情打动读者，滋润读者的心田。30年来，《读者》一直坚守这一特色，从而拉开了自己与其他同类期刊的距离，稳居亚洲同类期刊发行量之榜首。又如著名数学家华罗庚的《优选法》，它不仅使得"0.618"这个数字家喻户晓，还由于它在工农业生产中的普及，产生了巨大的社会效益和经济效益。华罗庚曾经说过："深入不易，浅出更难"。《优选法》正是以深入浅出的鲜明特色，让数学这门高深的学问走进平常百姓之家，为他们所接受、所运用的。

科学与文学艺术一样，也有它内在的美和韵律。只不过这些内在美和韵律需要我们的作者和出版人去发掘，并通过自己的创意将它演绎成不同层次读者所喜闻乐见的形式而已。

把握先机 关键在人

许多精品，都是厚积薄发之作。一些好的创意，也不是拍拍脑袋便能产生的。它往往都是建立在对读者和市场深入调查的基础之上，基于出版人的丰厚积淀和对时机的准确把握。大量的实践表明，要使我们的文化产品经得住大众的评议和时间的考验，必须克服文化浮躁，在创意上下够功夫。跟风炒作，只能图一时的热闹，或得到某些暂时的利益，从长远来说，它不仅无助于文化的积累，也不利于品牌的确立。粗制滥造的文化垃圾不能赢得读者，更不能借此确立自己在文化产业中的地位。唯有精品和那些有力度的出版物，才会长久地留在人们的记忆之中，成为他们评价出版人孰优孰劣的重要砝码。

今天，我们不仅面临产业的转型，也面临阅读方式的革命性变革。新的面对荧屏的网上阅读、移动阅读正大踏步地走进人们的生活；随着生活节奏的加快，还出现了快餐式阅读、浅阅读、休闲式阅读、碎片式阅读等多种类型的时尚阅读方式。这些都是从事传统出版业的出版人所从未碰到过的新问题。

阅读方式的革命，出版的个性化趋势，要求我们出版人转变观念，及时调整自己的知识结构。观念和知识结构不仅是影响创造力的重要因素，也是提出

艺术上的创意：瑞士光线艺术家在格陵兰岛附近海域的一座巨型冰山上展示泰坦尼克号投影表演，以纪念泰坦尼克号沉没100周年

好创意的重要依托。

出版媒体的多样性，以及自然科学、社会科学与人文科学的融合，呼唤既精通传统出版流程，又深谙电子、通信和网络技术的复合型编辑出版人才。特别是动漫和科普出版物的兴起，势必对形象思维和艺术表现形式提出更高的要求。相应地就要求编辑人员主动吸纳有关方面的知识，以适应多媒体时代的需要。

出版是最富创意的产业之一，同时也是实践性很强的产业。因此，学养的丰富、经验的积累同样不可忽视。许多创意也都是经验提炼和升华的结果。今后，随着经济和科学技术的发展，我们会不断面临新的机遇，就像手机阅读、无线上网的不期而至那样。它要求我们不断挑战自我，用创意使文化产业保持永久的活力，去铺就通向出版强国之路。

编创杂谈

《中国出版》2011年1月（下）

谈编辑工作之"杂"

编辑是做什么的？

我们经常可以看到或听到许多这样或那样的回答。

有人说，编辑是人类文化的传承者或传播者。这道出了编辑的使命和责任；有人说，编辑是"为人做嫁衣的"，这个比喻不仅说出了编辑劳动的特点，而且也隐含了编辑"默默奉献""成人之美"的高尚情怀。记得多年前作家蒋子龙在他作品获奖时，曾经把编辑工作比作水泥柱里只使劲而不露面的钢筋。这与"为人做嫁衣"的比喻有异曲同工之妙。

人们在谈到编辑这门学问时，也自然会问到编辑是"百家"之中的哪一"家"的问题。于是，便有编辑是"杂家"这一说。近年来，又引出了"复合型人才"这一热门话题。我想，"杂家"也好，"复合型人才"也罢，都是表明编辑工作杂的同时，强调了编辑工作非独攻一门，必须具备复合型知识结构的这一特征。

"杂"是编辑工作的特点之一

初次听到编辑是杂家一说时，似有几分不屑。但对于编辑工作之"杂"，我倒是亲身所历，感受良深。刚跨出校门，踏进出版社大门的时候，我虽有过一段想延续在校毕业设计课题，深专下去的打算。但编辑工作的现实是今天编这方面的稿件，明天又接触那方面的稿件，它要求你不能只熟悉某一个方面的知识，而要有多方面的知识积淀。或者说，是要以某个学科作为立足点，辐射出较多的知识侧面。虽说一时还很难达到"学贯中西，博古通今"的程度，但较宽的知识覆盖，以及"跳"出稿面的，包括社会活动能力在内的各方面综合能力却是必需的。随着只深入钻研某一门学问的"专家梦"的破灭，我对编辑的工作特点也逐渐加深了认识。

"杂"是对编辑工作的要求

"杂"，既是编辑工作的特点，也是对编辑工作的要求。它要求编辑是"通才"，要有驾驭自己有可能接触到的各种书稿的能力，要有能使自己编发的稿件实现传播效果最大化的各种素质要求。总之一句话，"杂"是各种水平和能力的综合。

对于"杂"，首先要有应对各类杂务的心理素质，学会"弹钢琴"，做到杂而不乱，杂而有序；其次，要"杂"得有水平，就必须具有相当宽的知识面，以及驾驭编辑出版各个环节的综合素质。只有这样，才能驾轻就熟，得心应手。

我曾经办过多年的杂志。顾名思义，不"杂"就称不了是杂志。杂志不仅内容杂，而且同一期杂志的文章体裁各异。在同一本杂志中，便有许多对象、形式、风格不同的栏目。作为杂志的编辑，也要求谙熟多方面的相关知识，做

1985—1987年，我受聘担任中国科学技术大学兼职教授，主讲《期刊编辑学》。这是1987年与该校信息班部分师生的合影

到"水来土掩，兵来将挡"。

我所在的出版社在相当一个时期都有一个不成文的规矩，那就是每进一个新编辑，都要让他到全社各相关部室"周游"一圈，"美编""校对""发行"都要走到，在这些部门见习一年半载。现在回过头来想，这还正是针对编辑工作"杂"这个特点而设计的"程序"。它是非常必要的。我进出版社也曾亲历这个过程。对于如何发现差错、掌握出错的规律；如何美化出版物、利用好页面空间等一些最基本的知识，我都是在那个时候从"师父"那里学来的。后来，我还尝试着自己画版式，设计刊头。这样，后来在与美术编辑讨论封面、版式时，便有了共同语言。当然，这种围绕着编辑工作的知识拓展和技能训练也不是三五月内便能完成的，这种学习应该贯穿于编辑生涯的始终。因为，不同时期，不同类型的书刊都会对编辑提出不同的要求，我们在这方面的知识也就必须不断地更新和拓展。

今天，编辑工作"杂"的内涵已有了不少的变化。在市场经济条件下，编辑除了案头功夫外，还需要有市场意识，需要具有推动书刊宣传和营销的能力；在新媒体不断涌现的年代，编辑还需要了解各种新媒体的特点，具有与多种媒体互动以及跨媒体运作的能力，等等。由此可见，培养复合型编辑是时代的呼唤，是出版业转型之必然。

在繁杂的编辑工作中，难免会有一些重复性劳动，这很容易使人产生厌烦心理。但是，当你将编辑工作中的每一次"重复"，都当成是一个新的起点，赋予它新的思维、新的内涵时，你便会有一种完全不同的感受。实际上，编辑便是在编一本本书、一期期杂志的过程中成就自己，并获得丰富知识积淀的。

最后应该指出，作为编辑的"杂"是有一定指向性的。它围绕着编辑工作的实际需要，而且其内涵也是随着客观需要的变化而不断更新和拓展的。

《科技与出版》2013年第3期

编辑的"功夫"

编辑的"隐性舞台"

演艺界有句话，叫"台上一分钟，台下十年功"。编辑工作何尝不是如此。所不同的只是编辑的"舞台"是建在他所造就的书刊之中的，是个"隐性舞台"；编辑的"功夫"也隐藏在经他催生的这些精神产品之中。尽管通过书刊评奖、市场热销等，它也偶露峥嵘，为人一叹，但编辑的真功夫大都还是散落在日常的细微工作之中，不为人所识。

爱因斯坦有个朋友叫贝索，是个思想敏锐、知识渊博的杂家。他曾经向许多科学行家提过有益的建议，并对爱因斯坦相对论的形成起了十分积极的作用。但他在科学界却默默无闻，用爱因斯坦的话说，"他的成就只能在他造就的人当中找到"。我想，编辑正是一个"贝索式"的群体。

"沙里淘金"和"量身定做"

在办期刊的时候，我们编辑部的每个人都分工负责一定的版面。到时每个人都会把稿件凑齐了，按时发排，很少有"开天窗"的事发生。但上刊稿件在质量、水平以及发表后受欢迎的程度上却有很大差别。其中，选稿、组稿是起决定作用的两个重要环节。编辑在选稿时，一种做法是从大量来稿中选出一些稿件凑足版面了事；另一种做法则是根据刊物的定位和对客观需求的把握，精心组织并挑选那些最有时代气息，读者最需要、最感兴趣的内容，经合理调配后上刊。显然，这两种做法编辑所投入的劳动不同，动用的知识积累不同，其效果也就可能大相径庭。

选稿是一件从"沙"里淘"金"的工作。它需要编辑有一双能辨真伪、识真金的慧眼。这双慧眼不仅要来选稿，还要来发现那些有写作潜力的作者，以不断扩大自己周围的作者队伍。

一个编辑光有选稿的本领还不够，还要有进行设计、策划和"量身定做"稿件的能力。这是因为，投来的稿件在内容上具有"发散性"的特点，很难完全满足每期刊物在总体构思上的要求。要保证刊物的重点，并按照每期刊物的总体构思实现合理的布局，其中必定要有一部分稿件是由编辑精心组约的。通过约稿可以使刊物内容聚焦在一个或若干个读者的关注点上，而且红花绿叶，交相辉映。一般来说，一本质量较高的刊物，约稿在刊用稿件中所占的比例，少说也得占70%左右。约什么稿，能不能把所需要的稿件如数约到手，也是对编辑工作能力的考验。

其实，约稿的"功夫"首先来自于编辑对刊物定位、重点以及整体部署的深刻理解。一个训练有素的编辑，不仅对约什么样的稿思路清晰、胸有成竹，而且会千方百计把自己心仪的稿件约到手。约稿，特别是组织那些有分量的讲座、笔谈以及每期的重点文章，从内容设计到作者的选定，以至于一些细节的考虑，无不凝聚着编辑的智慧。

约稿就像讲课需要备课、答辩需要针对各种可能的提问准备好应对一样，要做到胸有成竹。以己昏昏，使人昭昭是不行的。既要向作者介绍自己刊物的宗旨，又要阐明约稿意图和对所约稿件的基本要求。要舍得在约稿上下功夫。能为刊物写出有分量稿件的作者一般都比较忙，为了动员他们接受约稿，有时还需要"三顾茅庐"。

约稿是编辑与作者的双向交流，而不是布置任务。编辑要与学有所长的作者对上话，在约稿时说内行话，把问题提到"点子"上，就得不断丰富自己的学识，逐渐成为一个专家型编辑。

"为人做嫁"的学问

编辑的工作对象是别人已经写好的稿件；编辑的劳动是在原作基础上的"补漏拾遗""锦上添花"。一个"补"字，一个"添"字，道出了编辑工作的性质。有人形象地把它比作是"为人做嫁衣"。

在改稿时，编辑是以第一读者以及读者代言人身份出现的，因此首先得有"换位"意识，把自己的立足点移到读者这一边来。这样才能把文章的基点找准，把起点把握好。

改稿时别忙下笔，要先将全稿通读一遍，着眼于"摸底"，以便在加工时做到心中有数。然后从大到小，首先解决那些全局性和关键性的问题。譬如，文章的思想倾向、学术观点、科学性以及逻辑层次等，都应放在优先考虑的地位，防止抓了次要的，而忽略了主要的。

改稿时需要"眼观六路"、瞻前顾后，注意文章的整体性。我在修改刊物的署名文章时，经常碰到"人称"上的困惑。有的文章明明是两个以上的人署名，却在行文中把主体称作"我"；一个人署名的作品，文中又是"我们"如何如何的。又如，某出版社出版的一套书共12本，竟有7本书的实际书名与每本书封底印的全套书书目对不上，疏忽大意之甚，真令人吃惊！所有这些，都是由于忽视了各个环节之间的关照，不能瞻前顾后造成的。

有一篇介绍卫星通信历史的文章，原先是这样开头的："自1958年12月美国发射世界上第一颗低轨道实验通信卫星'斯科尔'以来……"编辑看了以后，认为卫星通信的历史应追溯到更早一些，即苏联发射第一颗人造卫星的那个时候，因此他将上文中的"1958年12月"改为"1957年10月"，"美国"改成了"苏联"，卫星名称也相应地改为"卫星1号"。这些都没有错，而且以苏联发射第一颗人造地球卫星作为卫星通信时代的开端也是有根有据的。应该说，这是一个很不错的修改。但遗憾的是，他却留下了一处疏漏，那就是没有注意到"卫星1号"是人造地球卫星而不是通信卫星这一点，客观上"制造"了一处技术性差错。这也是顾此失彼造成的。

另外，文章在作局部改动时，应该认真检查一下有无与之相关联的文和图要作相应改动的。例如，1989年出版的一本叫《集邮知识题解》的书，书名是请李文珊题写的，因此作者在前言中说了一番感谢的话，这是合乎情理的。可在这本书再版时，封面上原来的书写体书名改成了美术体，但却忘了对前言作相应处理，仍然保留了"李文珊同志特为本书题词，再次表示感谢"一类的话，让人看了摸不着头脑。

编稿中，顾此失彼，缺乏照应的实例还很多。删图、增图忘了给图重新排序编号的；正文中大小标题改了，却忘了改动目录的；删了某章某节，却未改动后续章节号的，等等。

郑板桥有句名言，叫"删繁就简三秋树，领异标新二月花"。这也可以拿来当作我们写作和编辑删改稿件的座右铭。但要达到这样的境界，绝非一朝一夕之功。

我曾多次碰到这样的情况，即对作者的来稿提出意见退作者修改多次后，仍觉不满意，最后作者也觉得再无能力改好，便干脆提出请编辑"斧正"，并作"酌情处理"。每当这时，我便觉得这是对编辑能力的实际考验。

把一篇长稿压缩成短一点的稿件，是编辑常做的一项工作。这看来是一件简单的事，似乎只要掐头去尾，或中间任意抽掉一些段落便可以做到。殊不知这样做可能会损伤文章的逻辑性，弄不好还会把文章的精髓抽掉。一个有经验的编辑在遇到这种情况时，总在把握整篇文章主旨要义的前提下，对文章小施"手术"，留住精华，去掉那些多余的或可要可不要的字句或段落，做得恰到好处，不留痕迹。在这里，编辑的学识和经验将起到决定性的作用。

虽然编辑掌握"生杀予夺"之大权，但应慎用这个权利。特别是要防止由于自己的知识不足或草率武断，把作者稿件中原来对的改错了，或改了原作的风格，使原来各具鲜明特色的作品变成了千篇一律。

编辑的"诗外功夫"

1976年，为开办"长途载波电路的九项指标及其测试"这一专栏，《电信技术》编辑部组织了穿越五省、行程数千千米的调研。这是调研人员出发前与编辑部同志的合影

常言道："功夫在诗外"。这是说要做好诗，需要丰富的生活体验、深厚的文学修养和广博的知识积累。我想，不只是写诗，编书、编刊也是如此。

编辑是以书刊为"舞台"的，但这绝不意味着编辑的工作只是案头文字工作。我在《电信技术》当编辑的时候，有两件事至今印象还十分深刻。

1975年的某一天，我带着还散发着油墨香味的当期刊物，来到天津某载波机务站的评刊点。到目的地后，只见他们忙得不可开交，经了解，方知是为了查找载波机上的一处障碍，他们已经连续工作了三四个晚上了。没有料到，就在我带去的这本杂志里，他们发现了一篇文章，内容正好是关于如何排除这类障碍的。于是他们按照杂志里介绍的方法，很快就排除了障碍，使电路恢复了畅通。

编辑把自己的活动舞台延伸到读者中去的好处很多。主要是可以及时了解生产维护中的问题以及读者对刊物的要求，还可进一步通过与读者的互动，帮助刊物纠正偏差，提高质量。

还记得在1976年前后，由于长途通信电路沿途维护单位对电路测试指标的理解不同，测试方法不同，一度曾引起长途通信质量的严重不稳定。这是一个从实际生产中反映出来的全局性的问题。要解决这个问题，首先要摸清情况，找出问题的关键。我觉得刊物在这方面可以有所作为，于是便建议编辑部组织力量从调查研究入手揭开"谜底"，然后组织相关报道。编辑部采纳了我的建议，邀请了4位有实践经验的作者与我一起，进行了一次穿越五省、行程数千千米的实地调查。每到一地，我们都随班参加通常安排在夜间进行的长途载电波路"九项指标"的测试。通过对各地的测试方法和测试数据的分析，我们终于找到了问题的症结所在。发现了问题，我们对刊物如何发挥作用心中便有了底，组稿也就有了针对性。经过一个多月的准备，一组既有实际、又有理论，而且对症下药的文章在杂志上与读者见面了，专题的名称就叫"长途载波电路的九项指标及其测试"。这组文章澄清了一度陷入混乱的有关"电平""稳定度"等的概念，介绍了正确的测试方法，因而发表后立即在全国引起了很大的反响，并对长途通信电路质量的提高起到明显的作用。

通过上面所说的这两件事，我体会到编辑的舞台是广阔的。编辑的功夫也不完全在案头上，在选稿、编稿这字里行间，它还表现在如何深入实际，通过调查研究组织有深度、有影响力的选题等方面。寻求在选题上的突破，是书刊实现创新的一个重要方面。

《科技与出版》2010年第5、第6期

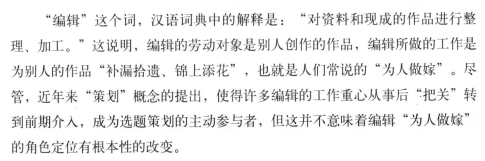

编辑的"编"与"写"

"编辑"这个词，汉语词典中的解释是："对资料和现成的作品进行整理、加工。"这说明，编辑的劳动对象是别人创作的作品，编辑所做的工作是为别人的作品"补漏拾遗、锦上添花"，也就是人们常说的"为人做嫁"。尽管，近年来"策划"概念的提出，使得许多编辑的工作重心从事后"把关"转到前期介入，成为选题策划的主动参与者，但这并不意味着编辑"为人做嫁"的角色定位有根本性的改变。

编辑"为人做嫁"的角色定位，并不说明编辑只能编，不能写，或编辑的笔头功夫不重要；相反，编辑只有重视练笔，不断提高自己驾驭文字的能力，才能为人作好嫁衣，使自己的工作取得预想的效果。

"为人做嫁"——编辑的神圣使命

一部作品在印成文字投放市场之前，已经融入了编辑的许多辛勤劳动。这些劳动绝不是像有的人所认为的，只是改改错别字，加个"的"、去个"了"那么简单，编辑的很多劳动都是带有创造性的。有时，他的劳动甚至在完善作品，使作品取得巨大成功方面起着决定性的作用。

20世纪50年代，曾经在社会上引起巨大反响的报告文学《把一切献给党》，最初只是作者吴运铎的一份约2万字的报告记录，后来经工人出版社编辑何家栋与作者多次交谈，反复帮助作者修改补充，终于成了一部影响几代人成长的力作。在这里，编辑不仅慧眼识珠，还为这部传世之作的问世起了"助产士"的作用。

获得国家图书奖的"解读生命"丛书，其成功也有赖于一支由院士、科普作家和编辑共同组成的优秀创作团队。这里，在幕后做"穿针引线"工作的是编辑。可能，他们并未参加"写作"，但对于这套书成为精品却起了不可替代的重要作用。

编辑的劳动价值在很多时候是通过别人的作品表现出来的。正如大科学家爱因斯坦在谈到曾经给过他很多帮助的贝索时所说的："他的成就只能在他造就的人当中找到。"同样，如果把编辑比作为人做嫁衣的"裁缝"，那他也是一个品德高尚、能成人之美的裁缝；是一个心甘情愿地把自己的智慧、创造和心血融入别人作品里的"贝索"式人物。

虽说"为人做嫁"是编辑的职业定位，是编辑的神圣使命，但编辑也不是只付出，而一无所获的。诺贝尔曾经说过："生命，那是大自然赋予人类去雕琢的宝石。"编辑的生命何尝不是如此。他们在为人作嫁的过程中，扮靓了别人，消耗了自身，但也雕琢了自己。他们在作者的成功中分享一份欢乐，使自己的生命在创造人类物质文明的壮举中闪光。

编辑可不可以也为自己做几件"新衣"

在明确了编辑职业定位的前提下，我们不妨也来探讨一下编辑可否参加写作的问题。

曾经有一个时期，有人把编辑的写作等同于"种自留地""打野鸭子"看待，套上了"不务正业"的帽子，吓得很多人避之而犹恐不及。其实，把编辑的"编"与"写"完全割裂开来，不仅不符合编辑的职业特点，也不利于编辑自身的提高，是因噎废食的做法。

道理很简单：编辑从事的是文字工作，如果自己不练就一身驾驭文字的"硬功夫"，又怎样去改人家的稿，去为别人的作品"补漏拾

伴随我度过20多个春秋的小桌。在自制的竹台灯下，编编写写，乐在其中

遗、锦上添花"呢？即使有这样良好的愿望，只怕到头来也难以遂愿。可能我们当编辑的，面对那些棘手的稿子，都有过不知从何下手、望稿兴叹的切身感受。由于自己没有写作实践，对作者的写作思路以及用词遣句的风格就不易领会或理解不深，改稿时便很难落笔。当作者诚恳地请你"斧正"的时候，有时竟不知这把"斧"该落在何处。类似的经历多了，我们就会觉察到，编辑的"练笔"绝不是图虚荣，赶时髦，而是职业的需要。

我国有不少有名的作家，如鲁迅、茅盾、叶圣陶等，都有过当编辑的经历。在当编辑的时候，他们同样是十分出色、富有创造力的编辑。从他们身上，我们也可以看到，"编"与"写"的统一。

编辑参与写作，有利于带动一些编辑基本功的培养。首先，写作需要广泛的涉猎、丰厚的积累，这将带动编辑对相关学科知识和人文知识的掌握，以及对周围各方面信息的关注；其次，从选材、构思到修辞，整个创作过程也都有助于提升编辑识别稿件和加工稿件的能力。

这里所说的写作，并不一定是大部头的作品，其实，我们经常接触的"出版说明""编者按语"以及"前言""后记"等，也都是编辑练笔的机会。我们不妨从小处做起，千万不能小看这些日积月累的文字功底的锻炼。

编辑写作的目的和追求

编辑和作家虽然都是笔墨生涯，同是文化产品的生产者，但由于职业定位的不同，即使同是写作，其目的和所考虑的侧重点也会有所不同。

作为编辑，其练笔往往是以提高编辑的技能和驾驭稿件的能力为出发点（至少开始时是这样），以编辑应用文和与本身工作关联性较多的一些内容为切入点。他所追求的是提升"为人作嫁"的能力，以及编辑的职业造诣。

虽然，许多编辑最终并未成为作家，但练笔却成了他们提高文字驾驭能力和工作效率的有效途径，这是为许多人实践所证明的。

眼力、笔力、组织工作能力，常被称为编辑的"三大能力"。上面谈的"练笔"，至少与前两大能力的培养有关。尤其是"笔力"，除了阅读之外，主要还是靠通过写作实践来培养。过去写组稿信、审读报告等，成了编辑工作的重要内容，而现在其中相当一部分已为电话和寥寥数十个字的短信或电子邮件所代替。这种"简化"可能提高了效率，但也往往淡化了富有个性化、人性化色彩的沟通，还使编辑少了一些通过组织文字表达思想的锻炼机会。在这种情况下，如何使编辑笔力不减，工作更有成效，也是个值得我们思考的问题。

"练笔"的一点体会

对于"练笔"，我的主要体会是：持之以恒，从小处做起，从身边的事做起。自从意识到练笔是职业的需要这个时候起，我每当碰到"动笔头"的事，都会格外认真。连写一封家书，交一份工作小结，也总是修修改改，一直要改到自己满意为止。人们说这是"职业病"，我想这或许也正是干我们这行的人的一种癖性，一种追求吧。

实际上，编辑随时都有练笔的机会，就看你是不是重视它。我们应该把每一次机会都当作是学习和提高的过程，并有意识地去总结和积累这方面的经验。俗话说，熟能生巧，写文章也是如此。千万别荒废了自己的"笔头"。特别是身处网络时代，如果对电脑过分依赖，搞不好真有可能走到"提笔忘字"这一步。

我的练笔是从写编辑应用文（包括编者按、书评一类）开始的，后来有感而发，也写一些"豆腐块"大小的文章，再后来才写一些与我所学专业相关的科普文章。我的体会是，与自己所学专业和编辑工作结合起来，容易引起兴趣，取得成果。当写作成为一种爱好时，往往并不十分看重它是否能被发表，而每一步提高、每一次新的感悟，都将给自己带来快乐，带来继续前进的动力。

《科技与出版》2011年第2期

审稿的尴尬

虽说已经退休多年，但我对于干了30多年的编辑出版工作终究还是情未了、意未尽，有着难以割舍的情结。这些年，作为一个"自由兵"，也陆陆续续编了几套书，写了一些文章，乐此不疲地行走在这一行行"格子"之间。可唯独对于往日习以为常的"审稿"工作，却变得有点迷茫起来，不敢轻易接受这类任务。说起来，这可能与我对"审稿"功能的理解和所接触到的稿件现状有关。

对审稿工作的"敬畏"

在2010年6月25日出版的一期《出版史料》上，有一篇文章是专谈"三审制"的，讲它的理论根据和相关规定。通过那篇文章可以了解到，在历年发布的有关出版文件中，"三审制"是一再被强调的，并指出编辑初审、编辑部主任复审和总编辑终审这"三级审稿缺一不可"。这一直被视为保证书刊质量的重要措施。

初审、复审和终审，可笼统地称为是审稿。以图书出版为例，审稿是对书稿质量作出评价并决定书稿命运的重要环节。通过审稿，可以沙里淘金，从大量来稿中遴选出最有创意、最有分量的精品佳作；通过审稿，可以发现有水平、有潜力的作者；通过审稿，可以发现差错，修补作品中的瑕疵，完善作品、提升作品的质量。

审稿不仅起到"把关"作用，防止有害、有错的东西混迹于我们提供给读者的精神食粮之中；同时，它也起完善来稿，对来稿起"补漏拾遗、锦上添花"的作用。这里，编辑所充当的角色不只是一个裁判员，还是一个辛勤的园

流光墨韵

——陈芳烈科学文化记忆

丁。他们挥洒汗水，动用自己的积累，融入自己的智慧，为完善别人的作品默默奉献。所以，从这个意义上讲，审稿是一种兼有多种角色的创造性劳动。

审稿的尴尬

上面说到，这些年我不太敢贸然接受"审稿"任务，这主要是指二审和三审。退休后，作为责任编辑这个层次上的审稿已与我无缘。

在初审、复审和终审这三审中，责任编辑的初审（或称一审）是基础，许多基础性工作都是在一审完成的。譬如，选什么样的作者、组什么内容的稿，以及稿件的构架、特色、风格、表达方式等，都是一审这个环节需要解决的问题。有个成语叫"木已成舟"，依我看，经过一审的稿件，基本上是木已成舟了，要靠二审、三审来个大改观是不太容易的。当然，二审、三审也不应有这种大删大改的功能。

我经常听一些担任二审、三审的老编辑讲，碰到一审不到位的稿件，他们审起来很辛苦，以至于有时不得不越俎代庖，做起动标题、改结构的大"手术"来；有的经过一审的稿件，还留下不少没有改正的错别字或文字符号上的问题，也让二审、三审去解决。我认为，这种审稿功能的错位，是由于一审基础工作不扎实所造成的。其结果往往会事倍功半，严重影响到出书的效果。

我也曾审过一些科普书，大都是已出了校样的书稿。例如，有一本关于新能源的科普书，编辑十分重视这本书的权威性，请来的作者不是院士，就是业内知名专家，阵容十分强大。可是，只消翻一翻这本书，就知道它并不"科普"，专业名词堆砌，还有许多专业化的表述，绝非一般读者所能读懂的。类似这样的书稿，首先要解决的是作者选择、读者定位等一些基本问题，而这些问题都不是通过二审和三审所能解决的。

我也曾应约为一些期刊审过稿。有的期刊，一篇篇稿件单独看起来都不错，但放在一起却很不协调。如有的文章很浅，有的文章却是有相当深度的专业论文，使人搞不清它是面向哪一层次读者的。像这类牵涉刊物定位、风格的问题，是更基础的问题。三审也只能提出意见，要根本解决还需要回到源头上去。

二审、三审不是重复一审的工作，而是要在前一审或前两审的基础上，对编辑的工作作出评价，对进一步提高和完善书稿质量提出改进的意见。特别是在终审环节，审稿者除了对本书稿的质量作出判断外，还可以基于大量稿件的审稿实践，对出版社的选题决策以及发现作者、培养编辑等深层次问题作出综合判断和深入思考，提出建设性意见。可是，如果一审不到位，后面的二审、三审也便有可能陷入一些琐碎问题的处理，应付那些低层次的修修补补，从而分散对一些主要问题的注意力。我不敢贸然接受审稿任务，也是由于有过很多这样的教训。有些送审稿件，错别字、文字表达不准确和不规范的地方比比皆是，不解决不行，要解决就是得再做一遍责编的工作，而真正属于"终审"这个环节的工作却无从做起，使人陷于两难境地。

对审稿者的要求

审稿者要对稿件作出准确的判断，提出自己的真知灼见，除了要有一定的政策水平外，还要求熟悉相关专业。一部学术专著，其出版价值主要是看它有无创见，有无新的思想、新的观点、新的论据，新的成果和新的思维方法。没有一定的专业基础和对该学科动向较深入的了解，就很难作出准确的判断。科普读物的审稿者，不仅需要有相关的专业知识，还要求对科普的理念，科普的表达方式等有所了解。这就是说，审稿者的鉴别力是以一定学识为基础的。失去鉴别能力，就有可能将劣作、平庸之作误为佳作，或与之相反，造成误"杀"无辜。

审稿者是一部书稿面世之前的第一读者。但他又非一般读者，他是掌握书稿命运的第一读者。因此他必须客观公正，能从全局出发，并有能力作出有悖自己个性、感情和兴趣的决断。这是对审稿者心理素质的要求。

审稿者要面对市场，善于从对大量同类书的比较中确定自己书稿的特色，并对营销策略提出自己的见解。这就要求审稿者不仅能掌握大量的有关信息，还要能作换位思考，掂量书稿在内容和形式上是否能为读者所喜闻乐见。换句话说，也就是对书稿投放市场后的效果，要做到胸有成竹。

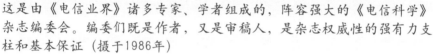

这是由《电信业界》诸多专家、学者组成的，阵容强大的《电信科学》杂志编委会。编委们既是作者，又是审稿人，是杂志权威性的强有力支柱和基本保证（摄于1986年）

　　审稿者既需要纵览全局，高屋建瓴，也需要明察秋毫，以高度的责任心不放过任何一个疑点。在科学技术日新月异的今天，审稿者碰到一些自己不明白或不懂的问题是十分正常的。因此，审稿者需要加强学习，重视查证，并在审稿过程中增加"对话""切磋"和平等的学术讨论。这也是审稿者知识更新和学习提高的过程。

　　在目前每个编辑的发稿量成倍、成十倍增加的情况下，如何坚持三审制是个值得研究的问题。为了使三审制不流于形式，我们必须把编辑工作重心前移，把基础工作做好、做扎实，使每一个审稿环节都能在完善和提升稿件质量上发挥自己应有的作用。

《科技与出版》2010年第9期

三个署名差错的发现

在各类文字差错中，人名的差错恐怕是最难发现的了。这是因为，人的名字有叫张三的，也有叫李四的，无一定之规。不像一篇文章中的其他文字，由于彼此间有一定的内在联系，可以通过通读上下文对其正误作出判断。但是，人名差错也不是绝对发现不了的。下面便是我在审稿中辨析人名差错的三个实例。

有一次，我社美编室送来一本再版书的封面设计稿，书名叫《工程制图》，是几位作者合写的。我在终审时，目光在一个叫"陈敦璧"的作者名字上作了停留。我在想，一般人在起名时都避俗就雅，因此，名字用"璧"字的不少，而"壁"字却不多见。由"壁"字组成的词，如"墙壁""碰壁"等，都不是人们所喜爱的，更无"雅"字可言。于是，我便顺手在设计稿的"壁"字旁用铅笔画上了个问号，接着便开始了一系列的核实工作。首先，我找来了责任编辑填写的"封面设计通知单"核对，排除了设计者引入差错的可能性；然后我又核对头版书，头版书上的作者署名也是"陈敦壁"。到此为止，似乎是可以放心的了。但我还是没有轻易把这个铅笔问号给擦去，而是找来责任编辑，请他打长途电话直接问一下作者。一个小时后，责任编辑把核实的结果告诉了我：作者名字中的最后一个字的确是"璧"，而不是"壁"。我的大胆怀疑得到了证实，避免了这本书作者署名的一错再错。

另有一本关于通信线路的书，也是一本再版书，封面设计稿上的作者署名是"张楚风"。经与"封面设计通知单"和头版书核对，也都是无误的。但我还是在审核封面设计稿时，用铅笔轻轻地画上了一个问号。原因是，20世纪60年代我在期刊当编辑的时候，有一位经常给刊物投稿的作者叫张楚凤，也是搞线路的。因此，我就多了一点疑心，会不会本书的作者"张楚凤"是"张楚凤"之误呢？"凤"与"凤"是字形十分相近的两个字，搞错不是没有可能的。当然，我的怀疑仅仅是由于对20世纪60年代那段记忆所萌发的，并无充足的依据。要打消疑云，唯一的办法就是去作认真的核对。

我首先向责任编辑核对，他说得十分肯定："没有错，就是叫张楚凤。"但我还是不死心，又接连问了好几位线路专业的老编辑，他们都说，只知有个张楚凤，没听说过叫张楚凤的。于是我又回转来请责任编辑直接与作者核对，核实的结果是，这本书的作者正是20世纪60年代给我们杂志写稿的张楚凤。就这样，将一个差一点一错再错的封面署名给改正过来了。

我的第三次类似经历是对封面设计样稿上一位叫"赵傅"的作者署名提出疑问。根据我的常识，傅是一个姓，用作人名虽不是绝对没有，但毕竟不多。另外，与"傅"字相近的有好几个字，如繁体的"传（傳）"字、"博"字等，容易混淆。为了排除出现这种混淆的可能性，我又请责任编辑作了核实，终于搞清了"傅"字为"博"字之误，把它改正了过来。

通过以上三次署名差错的发现和纠正，我有以下几点体会：

1．差错是有一定规律性的。即便是署名差错，有时也是有迹可循的。譬如，在第一个例子中，我就是根据一般取名皆避俗就雅的规律而提出疑问的；而第三个例子中，主要是根据"傅"多见于姓，少见于名，且又有几个极易混淆的字这两点而设疑的。

2．在审稿中不要放过任何一个疑点，对每一个疑问都一定要搞得水落石出方才罢休。上述三个署名差错，有两个是出现在再版书上。按理说，已经印在书籍封面上，又经过相当一段时间考验的作者署名，在再版时照印即可，不应该有什么不放心的。然而，这两处差错的发现告诉了我，对已经印在纸上的东西也是不能全然相信的，只要存在疑点，就应该认真核实，消除"隐患"，做到完全可以放心为止。

有人认为，在审稿时提出没有充足依据的疑问是对责任编辑和作者的不信任，特别是当审稿者提出的问题一个个被排除时，常常会被斥之为"瞎怀疑"。我对此却有不同看法。我以为，一个责任心强的、有一定水平的审稿者，应该是能明察秋毫，善于发现问题和提出问题的人。从某种意义上讲，审稿的任务就是对前一道"工序"作出评价，发现问题，纠正错

在一个出版社的橱窗里，我们看到的不仅是他们引以为自豪的获奖作品，还有隐藏在这些精品佳作背后，编创人员的创新精神和一丝不苟、精益求精的作风

误，进一步完善稿件。这应该被看成是对作者和前一道工序责任者的负责和帮助。当然，审稿中所提出的问题在核定查明之前只能说是"事出有因"，并非有百分之百的把握。有的问题经核实后疑点消除了，便不成为问题，而有的却确是问题，通过审稿把它改正了过来。不管是属于哪种情况，都将使稿件内容变得更加可靠，更加经得起推敲。

3．作者署名按理说是不应该搞错的，更不应该一错再错。因为，熟悉作者、了解作者，首先得知道作者叫什么，他的名字怎么写，这些都是对编辑最起码的要求。但搞错作者名字的事还是时有发生，有时还会因此而伤了作者与出版社的感情，闹得很不愉快。因此，对于这类看来十分简单的问题，经常提醒一下，或来个"广而告之"，似乎还是有必要的。

《科技与出版》1993年第1期

细 节

　　在我们看过的电影和电视剧中，总还是有那么几部印象深刻的，以致若干年后想起它们，还有几分感动。而细细品味这些作品，打动人的不一定是因其题材之重大，场面之恢弘，或包装之华丽，恰恰是一些在不经意间拨动受众心弦的细节。好的作品往往是能寓大于小，于细微处见真情的。

　　想想我们编辑这一行，何尝不是如此。

　　在编辑的日常工作中，也有许多被视为是"细节"的事。正因为其"细"，常不为人所重视，认为无关大局。其实，其中有不少细节直接关系到编辑工作的成败和编辑修养的磨砺。

　　在我当编辑的那个年代，电脑没有普及，约稿、退稿以及与作者、读者的沟通大都是靠信件，偶尔也动用电话。因而，写信也就成了编辑的基本功。从编辑出版的整个流程来看，写信只能算是一个细节，但却很有讲究。读者、作者最不满意的是"石沉大海"，说的便是给编辑部寄来的稿、信，有去无回、渺无音讯。当然在这方面也有做得好

读者踊跃来信、来稿是对编辑出版工作的有力支持。图为人民邮电出版社领导在研究如何处理好这些信件（1993年）

的。有的编辑对每一份稿和每一封信都认真对待，用"心"处理。譬如，当年发现"神童"刘绍棠的编辑晏明，便是大家所熟知的一位。他不仅用一双慧眼从大量来稿中发现这位稚气未退的中学生在写作上的潜能，还把刘绍棠约到编辑部耐心地对他的作品进行指导。晏明把一件看似十分平常的工作做到了极致，他不仅造就了刘绍棠，也为我们编辑树立了把平凡工作做得不平凡的榜样。

有一位朋友告诉我，他是因退稿而与出版社从"相识"到"相知"的。开始，他给出版社的投稿绝大多数是不予录用的，但每次退稿，编辑都会给他写一封详细的退稿信，指出稿件中的不足，使他获益匪浅。谈起那段经历，他至今还念念不忘那位不厌其烦地给他习作挑毛病并予以指点的编辑。

由此可见，同是一封信，可以做这样的处理，也可以做那样的处理，其中自有高下之分。

现在，凡约稿、出书，出版方都要与作者签订合同。这无疑是出版工作向法制化、规范化迈出的重要一步。出版合同洋洋数十条，可谓面面俱到，但如何把这件好事做好，也还是值得探讨一番的。

按理说，合同是有法律效力的，因而订合同应该是一件很严肃的事。可是就本人所接触到的几个案例来看，它还远非"严肃"。有一套由15位作者打造的书与某出版社签了合同，但竟然过了出版合同规定的出版日期两年，仍未见这套书出版。开始我还以为这是"个案"，但一了解，还有拖得更长的。我真不理解，以诚信作为基础的合同，到了这个份上还有什么意义呢！

合同上，对于稿费的支付时间也是有明文规定的，但有的出版单位却一拖再拖，不把它当回事。有的作者直言，虽不靠稿费过日子，但却很看重出版方对作者劳动是否尊重。这使我想起了有一家

拜访已退休多年的老作者向子曦（右）（1995年）

杂志社的做法：他们在每一期刊物定稿后，便进行计算和发放稿酬的运作，使作者在收到当期刊物的时候，几乎同时也收到了稿费。作者对此颇有好评。

稿费的发放也只是编辑出版流程中的一个环节，也可算是细节，但它也多少能反映一个出版单位的作风、信誉和管理水平。在这方面不断出现的纠纷，已在提醒我们对这类细节也不可掉以轻心。

编辑对作者的稿件进行修改，是编辑的职责。编辑用一支生花妙笔为作者的作品"补漏拾遗""锦上添花"，往往能使作品生色，甚至在使之成为精品的过程中起到关键性的作用。这是编辑劳动价值之所在。

但是，编辑修改作者稿件也是有一定原则的。从表面上看，添几个字、删几个字是个"细节"，其实也非全然。例如，前些年我曾写过一套小书，其中三本的书名分别是《信的故事》《卫星通信》和《从电报到传真》，结果被编辑擅自改成为《信》《卫星》和《传真》。乍一看来，似乎是"简洁"了，却造成了书名与内容的错位。不久前，我主编的另一套书被某出版社纳入出版计划，但当我看到校样时，方才发现书的体例结构被改变了，丧失了这套书原有的创作风格。有作者说，这就好比是将一件西装硬是改成了"马褂"，怎么看也不舒服。

编辑对作者的作品虽握有"生杀予夺"的大权，但这种权利的运用却是需要慎之又慎的。因为权利的背后是"责任"，是对作者及其作品的尊重。从这个意义上讲，像上述一类"伤筋动骨"的改动都不能看成是细节了，而是带原则性的问题，要落笔千斤，并应取得作者的同意才行。否则，尽管有良好的愿望，却难以取得预想的效果，甚至还会因此而酿成纠纷。

总之，细节虽"细"、虽"小"，在我们编辑过程中也是不可忽略的。大凡责任心、事业心强和训练有素的编辑，他们不仅高屋建瓴，善于把握全局之关键，也不会放过每一个重要的细节。通过用心对待每一个细节，团结作者、读者，建立诚信。

《科技与出版》2012年第8期

科普图书原创刍议

现在，人们在谈及科普创作和科普出版的现状时，都有一个同样的感觉，那就是原创的缺乏，科普创作队伍的老龄化，以及科普创作观念、创作手法的陈旧。这些问题的存在，造成了科普图书的"叫好不叫座"，以及科普图书市场的低迷。这里，我仅就科普原创发表一点浅见，就教于科普界和出版界同行。

我想，原创作品应该是相对于翻译（引进）、改编以及编著作品而言的，它强调了作品的"创新"元素。一些科学家、发明家和实践家把自己的研究、发明成果以及丰富的实践经验加以梳理、总结，演绎成文字，这类作品无疑具有原创的性质。如果他们的上述作品是以普通大众为传播对象的，通俗、浅近，甚至还达到了图文并茂、妙趣横生的境地，那么，这

类作品应该算得上是原创科普作品了。像霍金的《时间简史》，华罗庚的《优选法》等，便是这方面的典型例子。

由科学家、发明家和实践家创作的原创科普作品，大都源自他们的亲身经历，是第一手材料，如果

霍金与《时间简史》

加上作者有一定的文字功底，作品往往具有很强的说服力。其次，在这类不乏生动感人的过程描写的作品里，往往蕴含着深刻的科学哲理，贯穿着科学精神、科学思想和科学方法。最近，我看到由海燕出版社出版的《中国科学家探险手记》，一套9册，作者都是各学科的科学家，写的是他们的探险亲历，十分生动。例如，《南极圈》一册的作者高登义先生便是我国第一个完成地球三极（南极、北极和青藏高原）考察的科学家，他从自己的探险经历中挑选出了最生动有趣、最有说服力的故事，讲给大家听，把人们带进了一个险象丛生而又无比新奇的极地世界。在这套书的无数生动故事背后，都诠释着一种为科学献身的精神，以及科学的态度和科学的方法。书中穿插了大量的图片，大都也是作者们所亲身"捕获"的大自然的精彩瞬间，有物有人，充满生活的气息，弥足珍贵。像这样的书，我想应该称得上是原创佳作。

所谓科学普及，是对人类已经掌握的科学技术知识和技能以及先进的科学思想和科学方法，通过各种方式和途径广泛地进行传播。要达到广泛传播的目的和良好的传播效果，传播的方式、途径和技巧也是不可忽视的。因此，形式的创新便成了科普创新的一个重要方面。有些作品，虽然讲的知识并不那么新，不是作者的新发现、新发明，但作品在介绍这些知识时却赋予它新的视角、新的切入点、新的表达方式以及各种表达方式新的组合，使人有耳目一新的感觉，从而大大提升了知识和技能的传播效果。比之于那些老套路来说，这也是一种创新。在目前国内的原创科普图书中，这类形式上的原创占了相当大的比例。

潘家铮院士是著名的水电工程专家，也是一位十分优秀的科幻作家。中国少年儿童出版社将他的科幻作品结集出版，引起了全社会的广泛关注。作品集包括《蛇人》《吸毒犯》《地球末日记》《UFO的辩护律师》等几个分册。在这些作品里，潘家铮以科学家独到的视角，通过大胆的想象和巧妙的构思，写出一个个惊心动魄的故事，向人们传播科学知识和科学理念。这是科学与文艺相融合的结晶，是科学家在他专业之外一个新的领域上的创新。最近，我收到著名科普作家

潘家铮院士

卞毓麟先生给我寄来的新作——《追星》。他说："这是近三年来我写的唯一的一本书，写法与先前的科普作品有点不同。""有点不同"，这是作者的自谦，其实在这本只有十来万字的书里，作者厚积薄发，融天文科技、历史与宗教的传奇于一炉，把许多有价值的科学与人文的知识用"追星"这条主线串接起来，珠联璧合，写得有声有色，使人读了爱不释手。诗化的语言，更增添了这部科普作品的魅力。我想，如果我们的科普作品都写得这样吸引人，又何愁没有知音！

卞毓麟先生的名作《追星》

科普作品的创新，要求作者在取材、构思时有一种"换位"意识，即把读者的兴趣当作自己的兴趣，并把激发读者的共鸣作为自己的立足点。对于我们这些习惯于老套路写作的人，要敢于"突围"，敢于换一个思路，以探索新的创作手段。最近，我看到上海文化出版社出版的一本书，叫《力量——改变人类文明的50大科学定理》。乍一想，讲"定理"一定是很枯燥的，未必有什么看头。但仔细读来，却是另一番天地。书里讲的每个定理不仅有通俗浅显的诠释，还记有它诞生的背景、发现者的身世以及有关轶闻趣事，融会贯通，读来十分有趣。这种化高深为浅近、变枯燥为生动，不正是科普写作所需要的一种创新吗？未来出版社出版的"自然之魔"丛书又是另一种写法。它通过大量案例，把曾经发生过的对人类造成严重伤害的典型气象灾害、地质灾害、生物灾害、天文灾害等呈现在读者面前，形成了强大的震撼力和警示作用。在此基础上，作品很自然地向人们传授了各种减少灾害损失的知识。这使我想起了一本讲述海洋环境保护的书，它的封面是一个已失去昔日风采、仅留下一副残骨的丹麦美人鱼的雕塑。它以艺术的手法告诉我们，海洋污染的最终结果是什么：它将化一切美好为乌有。科学普及有时是可以换一种角度的，除了可以从事物的正面写，还可以从它的反面（或负面）写，异曲同工。选择角度很有讲究，主要应从效果出发。

互动性也是科普创新的一个重要方面。例如，科学普及出版社出版的《书本科技馆（小学生版）》便属于这样一种创新。它把在科技馆展出的内容变成为一种有别于传统图书形式的"书"，实际上，它已演绎成为一种教具和"流动科技馆"的形式。它使读者伴随着双向互动操作，动手、动脑，在快乐中获取知识。互动性是对传统的"我讲你听"灌输式科普的颠覆，在少儿科普作品和影视科普作品中的应用日见广泛。科普在这方面有十分宽广的创新空间。

综上所述，科普内容上的创新是在源头上的创新，是一种根本性的创新。但从传递效果和科普的终极目的考虑，形式上的创新同样不可忽视。

可以看到，将人文元素融入科普作品是一种趋势。科技与人文的融合，不仅可以增加科普图书的可读性，还能更深刻地揭示科学技术之内涵，以及隐藏在科学技术背后的精神、思想和方法。其次，在一些原创科普作品中，也开始注意多种表现形式的综合利用。例如，画报化、交互性，还有互联网的链接形式都有了越来越多的应用，其中不乏巧妙的构思。此外，从已出版的原创科普图书来看，大都还具有编辑含量高的特点。图书的策划、编排到装帧，都融入了编辑的大量劳动。编辑的介入以及编辑工作重心的前移，在图书精品的营造中发挥了重要作用。

《科技与出版》2007年第5期

编创杂谈

科普图书的策划

"策划"概念的提出，对出版业来讲可以说是观念的突破。因为它改变了编辑工作的某些传统，强调编辑工作重心前移，提倡市场意识的超前，质量监控的超前；为了"决胜于千里"，它更重视"运筹于帷幄"；策划还进一步强调编辑的主体意识，要求编辑未雨绸缪、主动出击，把重心从事后挑错、守门把关转移到事前布局、全程调控。

策划概念的提出对于图书质量的提高，具有重大的意义。当今，许多有影响力的图书精品，大都是精心策划所结出的硕果。策划提高了编辑工作的起点，使它变得更自觉、更有成效；策划可避免低层次的重复；策划使整个图书出版有可能产生1+1＞2的系统整体效应，在这个系统中，作者、编辑以及参加图书生产过程其他环节的相关人员都可以做到珠联璧合，发挥出各自的最大作用。

在这篇文章里，我想仅就科普图书的策划谈一些自己的认识和实践，与同行切磋。

科普图书的特点

简单地说，科普图书就是普及科学文化和劳动技能的一类图书。具体一点讲，凡是以非专业领域的读者为对象，用他们所容易接受的语言和方式传播科学知识，普及科学技术，弘扬科学精神，倡导科学思想、科学方法的一类图书，统称为科普图书。

由于科普图书是以传播科学技术为使命的，因此不言而喻，科学性便是科普图书的根本立足点和灵魂。这就要求我们在策划科普图书时，从信息资料来源到作者选择等诸多方面来确保其内容的科学性。要绝对避免让那些以讹传讹、缺乏足够科学依据的、似是而非的内容混迹其中。同时还要注重科学创新的特点，跟踪科学技术的发展，传播新的、前沿的知识。

青少年和城乡居民是科普图书主要的读者，因此，贴近大众、贴近生活、贴近社会实际也就成为科普图书的又一个重要特点。与专业图书不同，为了达到普及的目的，科普图书更多地强调针对性（实用性）、通俗性和趣味性，强调形式的生动和与读者的交互。

而今，随着电视、网络、多媒体的相继出现，人们获取知识的方式更加多样化了，阅读习惯也发生了很大变化。我们的科普作品必须正视这样一个现实，在创作手法上告别传统的我讲你听的模式，以更加生动的、具有双向互动特征的形式来争取读者、吸引读者。

综上所述，科普作品有区别于其他类图书的一些基本特点。在策划科普图书时，我们必须牢牢把握这些特点。除此之外，我们也需认清，科普图书也有它一定的时代特征。《十万个为什么》是大家公认的那个时代的科普图书"经典"，如果我们今天照此"复制"，就不一定会成功。今天我们在策划科普图书时，既要借鉴经典，又必须牢牢把握住时代的脉搏、读者的需要，制造出适合这一代人个性口味、为他们所"量身定做"的精品佳作。绝对的、一成不变的科普模式是不存在的。

科普图书的策划

从转变观念开始

对一些科普图书来说，观念的陈旧和创作手法的老套、单一，恐怕是失宠于读者的主要原因。许多科普作家都是学专业出身的，写作时比较习惯于就科技说科技，不善于利用一般读者所喜闻乐见的深入浅出、多样化的创作手法，也不大擅长于通过作品与读者沟通、交流，拉近与读者的距离。因此，出精品首先得创新观念。这是科普图书策划首先需要突破的。

现在比较受欢迎、可读性比较强的科普图书，大都具有融科技与人文于一体的特征。这不是简单的形式的改变，应该说这是人们对客观事物认知上的深化。譬如讲节能环保，除了讲这方面的科学技术之外，离不开人的观念，以及人类对昨天、今天和未来的反思和眺视。它反映了事物的内在联系。如果我们硬是把科学与人文割裂开来，就很难获得对事物发展规律的深刻认识。因此，我们在进行科普图书策划时，要引入人文关怀，提倡科学与人文的融合。科学与人文融合还能增加科普图书的可读性和趣味性，进一步拓宽读者的视野。

找准定位，细分读者

准确的定位是科普图书策划的基础和关键。在我们这个时代，产品的个性化、消费的个性化以及阅读的个性化，已成为明显的趋势。对于大多数科普图书来说，那种"老少咸宜"的模糊定位已不合时宜，取而代之的是读者的细分和针对性的把握。这种现象在少儿图书策划上尤为明显，按年龄段策划图书已成为出版者通常的做法。为了作出准确的定位，必须深入调查市场、调查读者。只重视市场调查而忽视对读者需求和阅读兴趣的分析，容易"跟风"，出现市场热什么就出什么的现象。调查研究要深入细致，不要忽视其中的一些细节。记得有一位资深的编辑曾与我谈起，他为了编一套关于养花的书而跑了许多书店作调研。他发现，买这类书的以老年人居多。由于眼力不济，有些书他们看起来吃力，内容虽好也只能拿起来又放下。受此启发，这位细心的编辑立即作出决定，把他编的书字号加大半号。有一位总编，在审稿时特别重视目录中每章每节的标题。有人不解问他，他的回答是：目录标题给读者第一印象，它应该根据读者对象的不同精心设计。只有目录标题吸引人，才能使读者产生

《绘图新世纪少年工程师丛书》编创团队合影（摄于1996年2月）

购书欲望，引导读者深入阅读这本书。这也是他通过市场调查、读者调查所得出来的真知灼见。

刻意创新，彰显特色

"雷同"和原创的缺失，是目前科普图书比较带普遍性的问题。在进行科普图书策划时，我们应该首先回答两个问题：一是这本（套）书与已出版的同类书相比有何鲜明特色；二是它的主要创新点在哪里。创新不仅是指内容上的创新，还包括形式上的创新和运作模式上的创新。

编辑工作含量的最大化

编辑工作含量是指一部科普书稿在转化为图书产品的过程中，编辑工作的介入面、介入量和介入质量。一般来说，科普图书精品也是编辑工作含量最大化的产品。因为，在科普图书策划中，从书的准确定位到合适作者的选择，从全书内容结构到表现形式的确定，都凝聚了编辑的智慧，并需要调用编辑的各方面积累，而且，所有环节都需要编辑的精心照料。一个细心的读者，通过图书产品不仅能感受到作者的功底，也可以洞察编辑为这本书所付出的劳动的多少以及其驾驭书稿的能力。

在评价一部科普图书时，我们面对的不是原稿，而是成书后的产品。这里，原作的水平固然十分重要，但编辑的策划功夫所带来的"附加值"也不可小视。甚至，某些图书精品的问世，编辑还可能起到了关键性的作用。

切入点的选择

一部对读者有吸引力的科普图书不仅要有好的内容、新的视角，还要有好的切入点。如一本介绍2008年奥运会的科普读物，以大家喜欢的奥运吉祥物福娃为切入点，让他们带领大家游览奥运场馆，从而使对奥运场馆的介绍和有关奥运知识的普及由静变动，显得生动而有趣。有一本介绍防灾、减灾的书，选择以重大的自然灾害的描述为切入点，一开始就引起读者的重视，产生心灵上的震撼力，然后再娓娓道来，向人们一一介绍减灾防灾的知识。有的书还以重大的新闻事件为铺垫，引读者渐入佳境。选好切入点，不仅能很自然地引导读者进入书的意境，而且还可以达到人文交融境界，从而大大提高读者的阅读兴趣。

系统整体效应

科普图书策划不能简单地理解为只是提出选题、物色作者或列一个提纲。

它是一个由很多环节组成的系统工程。这些环节丝丝相扣，形成一个相互关联的有机体。一个成功的策划必须追求1+1＞2的整体效果。相反，有时一个或若干环节的失误或脱节，都会导致"全盘皆输"的结局。

策划不仅需要提出好点子、好内容、好思路、好形式，还需要协调各个环节，以保证策划方案不折不扣地实施。特别是丛书、套书，如果不统一思路、不注意协调，书出来后就有可能南辕北辙，在质量、风格上参差不齐，不像是一套书。

出版资源的立体开发

策划一部优秀图书并不容易，除了要有好的机遇、好的点子之外，往往还需要投入不少人力和物力。因此，我们应该珍惜已经开发的选题资源，把它充分利用起来。在这方面，迪斯尼卡通故事资源的立体开发为我们提供了有益的借鉴。

2004年10月，《e时代N个为什么》在广州首发。该套书获2007年国家科技进步二等奖

有些选题还应考虑可持续发展的问题。譬如，随着科学技术的发展，一些百科类、问答类的图书都存在内容更新的问题，否则就会跟不上时代，失去它存在的价值。因此，一些希望"保留品牌"的科普图书，在进行策划时还要考虑更新机制，这样才能使它"青春永驻"。

策划对编辑素质的要求

掌握出版信息与市场行情

科普图书的特色是在与许多同类书的比较中显现出来的。如果不了解科普图书的出版状况，不研究同类书的长处和短处，就很难博采众长，形成自己独有的鲜明特色，也谈不上做到"人无我有""人有我优"。同样，图书市场也是读者阅读趋势的风向标，对图书策划具有重要的参考价值。

一个好的选题"点子"的萌发，除了与编辑的学识、知识面有关外，还与

由出版社编辑和作者共同参与的《e时代N个为什么》选题研讨会（2000年）

其捕捉信息和综合分析各方面信息的能力息息相关。

一定的专业基础和较深厚的文化积淀

一定的专业基础是保证所策划科普图书科学性的基本条件。除此之外，较之专业图书，科普图书对通俗化、生动性以及形象表达方面有着更高的标准，这就要求科普编辑平日广泛涉猎，具有较深厚的文化积淀。

时机的把握与胆识

事实证明，时机把握得好，可使科普图书的出版收到事半功倍的效果。

机遇往往会在我们不经意或准备不足的情况下擦肩而过，我们应该有能力并设法抓住这些机遇。

团队精神和组织协调能力

策划是一项系统工程，需要很多环节的协作和配合。从策划方案提出阶段的沟通到方案实施过程中的每一个细节，编辑都需要关照到，否则策划方案就会走样，达不到预期的效果。所以，策划不仅是智慧的角逐，也是统筹水平的较量。

《科技与出版》2008年第2期

同质化与个性化

近来，荧屏上的相亲约会类节目风生水起、前赴后继，这不仅引起大家对媒体应该倡导什么样的价值观的热议，也启发人们对一窝蜂"同质"恶战的进一步认识和思考。

暂且搁置"价值观"这个话题不说，仅就"同质化"而言，这不也正是我们当前某些出版物的一根"软肋"吗？在大力提倡出版物创新的同时，我们似乎也有必要进一步加深对同质化现象的认识，呼唤更多具有鲜明个性特色的出版物的问世。

同质化是差异化的异端，意味着特色的淡化，以致丧失

现在，产品和服务的差异化，已经为越来越多的商家所认同。差异化使一些商家走出了同质竞争、低水平重复的怪圈，转向针对不同的客户群推出各具特色的多样化产品和服务。这在电信业表现尤为明显，冠以各种品牌的新业务以及新招迭出的捆绑式服务，打的就是"差异化"这张牌。

差异化的另一端就是同质化。以目前期刊市场为例，出现发行量滑坡的原因固然是多方面的，但诸多刊物的同质化也是一个不可忽视的因素。

在计划经济年代，刊物有严格的分工，"各路英雄，各霸一方"，谁也不能侵占谁的"地盘"；加上纸张供应不足，有的刊物还真到了"洛阳纸贵"的地步，要拿到"订阅证"方能订到。可现在时过境迁，在市场经济条件下，刊物林立，而且刊物间原有的严格分工也早已淡化。昔日那种同一个领域只有一两种刊物"唯我独大"的情形不复存在，于是便出现了多种刊物面对相同读者群的竞争。媒体的多样化，也使供求关系从卖方市场转成为买方市场。面对上

述境况，是独辟蹊径，走形成自己的特色之路，以特色取胜，还是沿袭同质竞争的老路，拼个"鱼死网破"呢？这是我们所面临的选择。我以为，创立自己的特色，才是唯一的出路。

一份期刊，不一定是读者面愈宽愈好，非做到"老少咸宜"不可。关键在于要有特色，要有能打动人的内容和形式。像《家庭》《瑞丽》这样的刊物，读者面都不宽，却有不俗的发行量。它们都是靠特色确立自己的市场地位。中国的市场很大，不用怕自己从"大众媒体"变成"小众媒体"，只要定位准确，作出特色，能满足某一层次读者的需求，自然会形成比较稳定的读者群。

出版物从内容到形式的同质化，造成了竞争的加剧，以及单品种发行量下降的局面。要解决这个问题，首先要从准确定位开始，在深入调查读者、分析市场的基础上创造自己的特色，使自己与其他同类刊物拉开距离，逐步形成自己的一些特色栏目和独特的风格，使之具有不可复制性和不可取代的地位。这不仅需要意识上的创新，还需要克服浮躁，精雕细刻地做好每个环节的工作。

出版行业是最富创意的行业之一。而同质化恰恰是把原本需要投入创造性劳动的出版过程简单化、模式化，最终导致了特色的模糊以至于丧失。从这个意义上讲，克服同质化首先要克服思想上的惰性，要有刻意创新，追求独树一帜、与众不同的抱负。

同质化是对出版资源和时间的浪费

常听有些读者抱怨，自己买到的一本新书与自己手头别的书很多是重复的，或似曾相识，如"同出一辙"，因而大有上当的感觉。说句公道话，同类书之间出现某些重复是不可避免的，譬如科技读物或科普读物中某些原理性叙述或铺垫，可能会同出一处，或用到相同的材料，但这不应是"克隆"，也不应是原封不动地照搬，而只能是引用和借鉴。同一个原理，有些作者讲得深入浅出、丝丝入扣；而有些作者却讲得含混不清，使人如坠五里雾中。可见，这里同样有水平高低之分的。

我接触到的一些专业书，不管有无必要，也不管离主题有多远，都千篇一律地从这项技术的诞生讲起，然后讲原理、讲应用，这成了写作的"三部曲"。其实，像这样系统的书有几本就可以了，大多数的书还是重点突出、开门见山的好。特别是现在生活在高节奏社会里的人们，都想用最少的时间获取自己所需要的知识，对于这样的所谓"系统性"，他们并不一定欢迎。时下，快餐式阅读和碎片式阅读成为时尚，也多少说明了这一点。如果每本书开头都有相当一部分是与其他书重复的，那势必会冲淡主题，浪费读者的时间，也增加了读者的经济负担。

有些低层次的重复出版是由于垄断而不是竞争造成的，这比较明显地表现在教育、培训、考核这些领域。由于市场的分割和封闭，使优质出版物发挥不了优势，而一些质量低劣的出版物也照样有它的市场和生存土壤。像这类的低层次同质竞争，需要从体制方面来解决。

同质化与"旧"题材的新演绎

众所周知，《红楼梦》《三国演义》《水浒传》《西游记》这四大名著，总是不断被演绎，出了许多新的版本。这是不是重复？是不是同质化？我认为，不能一概而论。这主要是看改编者是否给老题材融入了新意，犹同"听唱新翻杨柳枝"，能给人以一种新的感受。例如，有的出版社根据不同年龄段儿童在阅读和理解这些经典著作上的困难，推出以故事、漫画等形式演绎的四大名著通俗读本，很受读者欢迎。这些改编不失经典之精髓，又赋予了既定读者所喜闻乐见的形式，不能说是重复，而是对旧题材的一种成功移植和创新。当然，在这方面也有一些不成功的案例。

同样，对于书、刊、影视出版资源的互相使用是重复还是创新，也不能一概而论。主要是要看他能否真正起到互动、互补的作用，是否融入了创新思维。

客观地讲，同质竞争不能完全避免。例如，汶川大地震之后，截至2008年5月底，全国就有40余家出版社出版了90余种抗震救灾的图书。这种重复有它积极的一面，它反映了出版社的大局意识和敏感性；另外，通过优胜劣汰，也可为我们提升抗震救灾的科普读物质量积累经验。但是，类似这样的一窝蜂"出版热"，也难免造成了出版资源的严重浪费。如何冷静地面对"热潮"，在我们出版行业形成良性常态运作和差异化的出书布局，也是有待进一步探讨的问题。

个性化时代的挑战

个性化已经成为时代的潮流，以至于有人把当今社会称之为"个性化社会"。个性化是由于社会的发展，出现了需求的多样化所使然。在商品匮乏，人们生活处于低水平的年代，吃、穿、住都是十分单一的，很难有什么个性化，即便有，也不可能形成一种社会潮流。那时，出版物的品种比较单一，数量也无法与今日相比，在这样的背景下，就谈不到满足方方面面的个性需求。

个性是一个事物区别于其他事物的根本点。由需求的多样性所催生的个性化，已经广泛地融入商品的生产、消费以及服务等各个领域。不说别的，琳琅满目的移动电话手机以及不断推出的花样翻新的服务，便可使我们对此略见一斑。书刊作为一种特殊商品，也同样受到这一潮流的影响。首先，他要求出版者进一步找准自己的位置，突出自己的个性特色，打造富有个性化的出版物。出版物的个性化，不能只把它理解为表现形式上的与众不同，它应该是内容、形式和风格的总和。它既要反映时代的精神和时代的特点，也要与时俱进，不断地适应新的社会发展潮流；既要根据不同层次读者的需要，为他们"量身定做"出书出刊，或开设一些有特色的专栏，还要求出版社转变机制，开办类似"按需出版"一类个性化服务。例如，针对年轻女性的《瑞丽》、以视听发烧友为对象的《高保真音响》《影视圈》等期刊，都是有鲜明个性的出版物；在图书市场中，有的出版单位启动网络出版和短版印制相结合的服务模式，为一些人的生日或其他需要定做书籍，也是走个性化出版之路的一种尝试。尽管这方面的需求目前在量上还不是很大，但我们仍需早做准备，来应对读者阅读个性化的需求。

在谈到文学创作和艺术表演时，人们常说的一句话是："越是民族的，就越是世界的；越是个性的，就越是普遍的。"它说明了个性化的魅力。这句话恐怕也同样适用于文化出版产业。

《科技与出版》2010年第7期

编创杂谈

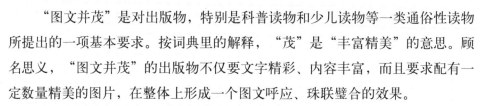

也谈"图文并茂"

　　"图文并茂"是对出版物，特别是科普读物和少儿读物等一类通俗性读物所提出的一项基本要求。按词典里的解释，"茂"是"丰富精美"的意思。顾名思义，"图文并茂"的出版物不仅要文字精彩、内容丰富，而且要求配有一定数量精美的图片，在整体上形成一个图文呼应、珠联璧合的效果。

　　这里，我想以个人创作和编辑实践为基础，就科普读物的"图文并茂"阐述自己的一些浅见。

图的功用

　　在科普图书里，图扮演了一个不可或缺的角色。它主要起以下三方面作用：

诠释科学原理、科学概念

　　一些科学的原理、概念用文字表达可能比较抽象，但用图（或表）来描述则显得直观、生动，能一目了然，从而帮助读者加深对其科学内涵的理解。有时一幅好的图能顶上千百字的笔墨，甚至能起到文字所难以起到的作用。从这点看，精心选择和设计插图，理应作为科普创作的一个重要内容予以重视。

启迪形象思维

　　在科普图书中，往往会调用各种各样的图片，有历史的、现代的，有现实的、抽象的，而且风格多样，包括照片、卡通、绘画等多种艺术形式。除了起"诠释""解读"作用的图片外，还有一类图片是通过生动的形象，来加强人们对所述事物的感性认识，或引发读者的兴趣和联想。例如，一幅当年人们使用的"大哥大"和现代"掌中宝"对比的图片，会使人获得现代通信业跨越时空、迅速发展的深刻印象；一幅到太空旅行的科学漫画可能会激起读者想象力的驰骋和好奇心的迸发。是真是幻，只要恰到好处，都各有所用。

有一年，我在一个国际电信展的讲台上，看到一幅以艺术化了的眼、耳、口作为素材的画板。那幅画十分简约，却耐人寻味。因为它揭示了现代通信是延伸眼、耳、口功能的真谛；还有一幅是两个孩子在海边沙滩上拿着纸话筒打"电话"的照片，每次看到都让人忍俊不禁，还会由此引发穿越时空的诸多联想。我认为，这图外或画外的"风光"或"效应"，应该是我们选图的一个着眼点。

美化和点缀

无疑，一本从头到尾都是密密麻麻文字的科普读物，读起来会索然无味，以至于令人窒息。而丰富精美的插图能为书刊添彩，使出版物从"平面"变为"立体"，不仅扩大了书的"容量"，增加其韵味，也对阅读起到了积极的调节作用。当然，要真正起到这样的作用，插图应该是精美的，精心选择的，而不是好看而不中用的"摆设"。

谁是主角

文与图谁是主角，谁是配角？我以为，对于不同类型的书刊会有不同的答案。一般起点较高、以文字叙述为主的科普读物，插图多处于"配角"的地位，而对于冠以"图说""图解""绘本""图鉴"等一类的图书，图就成了主角，少量的文字起到对图的注释作用。在后一类作品中，不仅图在数量上占优势，对图的质量也有较高的要求。它必须要先声夺人，能征服人的眼球。

一部作品是文配图还是图配文，这是一个定位问题，需要根据作品内容和读者对象的不同认真加以考虑。但不管如何定位，都应该尽量做到图美、文精，彼此呼应、相得益彰。

在2004年1月举办的全国科普漫画展上，与漫画家方成（右）、丁聪（左）两位大师合影

整体与细节

对一部科普作品来说，我们不仅要求图文并茂，而且还要从整体上注意图与文的合理布局以及插图风格的统一。零乱的组合，会使整本书失去韵味，其美感也会大打折扣。

配图时不留神也会引入差错。常见的有图与文不呼应，图题与图不吻合，以及因错位而造成的"张冠李戴"等。通常，我们比较重视文字上的审读，对图却一眼扫过。正是由于这个缘故，一些书的"硬伤"有不少是出在图里。加上图与文常常出于不同作者之手，故而易造成图与文的脱节，甚至相互矛盾，滋生一些常识性错误。因此，在审稿时最好将图与文对照着看，做到既能从宏观上把握整体，又不放过局部细节。

今天，对科普读物和少儿读物来说，把图文并茂作为一项基本要求已成共识。社会生活节奏的加快，"浅阅读""碎片化阅读"等阅读方式的盛行，也都促使人们对"图"更加重视。在图的运用上，我们也需要"因地制宜""知人善任"，要根据书的定位和读者对象，恰到好处地发挥图的作用，使图与文如同红花、绿叶那样交相辉映。

《科技与出版》2013年第4期

流光墨韵

——陈芳烈科学文化记忆

耳听五洲风雷　目送冬去夏至

—— 喜读《环球凉热》

著名气象学家、科普作家林之光先生

林之光先生是早已为人们所熟悉的科普作家，著述甚丰。我喜欢读他的书是因为他的博学与严谨。林先生所写的，无不与他一生为之奉献的气象事业有关，驾轻就熟，如数家珍。由于他一直活跃在科研一线，掌握了大量的最新成果和资料，因此他的科普作品落笔准确，说事论理皆言之凿凿，读来可信。林先生作品的魅力还在于他善于运用在中国文化方面的沉积，广征博引。一些看来颇为凝重的气象科学话题，在他的笔下变得生动有趣，且富有哲理。

不久前，读了林之光先生与他夫人的联袂新作《环球凉热》，除加深了对他作品的上述认识外，又多了一些新的感受：仿佛是夏日的一阵凉风，给人以一种清新。首先，林先生在这本书里把"环球凉热"这样一个广为世人瞩目的科学话题，以哲学的眼光、历史的尺度、文化的视角加以透析，完全"跳"出了传统的科普论述方法，使作品更具深度。他不仅用"矛盾学说"解开了一个个人世间的万象之谜，从四川盆地的"孤立无霜"现象到北国奇观雾凇；从"厄尔尼诺"到沙尘暴；从"城市热岛"到"全球变暖"……几乎你想要问个究竟的气象现象，在这本不足10万字的书里都给出了回答，娓娓道来，深入而浅出。由于它是以"矛盾"为主线，而非就事论事，因此读者在读这本书的时候，得到的就不只是知识，还有打开这个"气象万千"世界大门的钥匙。可以说，他在很多地方都教给人以观察问题、分析问题的方法。这是这本书内容之外的"附加值"，如果套用当今的一句时髦的话，那就是阅读它是一种"超值享受"。

把哲学的理念和辩证法融入科普写作，绝非是一件轻而易举的事。难就难在要"融入"，而不是"拉郎配"式地凑合。尽管，矛盾的运动规律存在于客观世界的万事之中，但要洞察矛盾，揭示其规律，并从中得出能使我们的认识得到升华的科学道理，却不是所有人都能做到的。林之光先生能达到这种境界，是基于他对气象学40余年的潜心研究，是源于他对各种气象现象的深入调查和观察，这从书的字里行间都能体会得到。

从书的前言中可以看出，林之光先生的科普写作是与他的科学探索同步的。正如他自己所说的，40余载的科研工作，已习惯于"有了兴趣就不怕困难，不顾其他"。在这本书里我们不难看到作者的这种执着和追求。这本书如果按一般科普作品来写，对作者来说要容易得多，然而林先生硬是要"自找苦吃"，把人间万象以矛盾学说加以梳理，用辩证的观点加以剖析，赋予这本书以一个全新逻辑思维方式和体系结构。这种不落俗套、不满足于轻车熟路的创新精神，恐怕也是林先生有关气象科普作品能够常写常新的奥秘之所在吧。

《环球凉热》除了写作思路新，具有鲜明的哲理性之外，还能做到切中时弊，贴近人们的生活。它对于台风、沙尘暴利弊的看法以及对于"春雨贵如油""休牧"等问题的辩证分析，都讲得十分中肯，有利于我们克服认识上的片面性。这本书还对"科学是双刃剑"这一论断提供了许多生动、有力的例证。它告诫人们，人类的活动已"极大地干扰了地球热量平衡，结束了地球气候按自己规律变化的历史。这是闯下了大祸"。在谈到全球变暖问题时，它不仅分析了变暖的原因、后果，还提出了解决全球变暖的对策。这不是让读者被动地接受知识，而是让大家参与思考，参与决策，做科学的主人。今天人们常说的"以人为本""可持续发展"以及"科学的生活观"等，都离不开对科学的正面和负面影响的辩证认识。从这个意义上讲，科普作品在认识论、方法论普及上的作用不可低估，有时科普的"警示"作用所产生的效果也并不逊于它对知识本身的传播。在这方面，《环球凉热》为我们作了一个示范，提供了十分有益的借鉴。

在科普作品中科学与人文的融合，不只是为了给科普作品增姿添彩，吸引读者的眼球；从根本上讲，它是科学与人文这种天然关系的回归。很长一段时间里，科普作品就是讲科学、讲技术，与哲学、历史、文学是"井水不犯河水"，互不搭界的。在《环球凉热》这本书里，作者引用了许多千古佳句，如贺知章的"不知细叶谁裁出，二月春风似剪刀"，苏轼的"春江水暖鸭先知"，以及白居易的"人间四月芳菲尽，山寺桃花始盛开"等，都不是单纯地为了"赏析"诗韵之美，而更多的是为了揭示人文与科学那种割不断的联系，揭示隐含在这些诗句里的科学哲理。经林之光先生这么一点拨，我们似乎感到诗外有"诗"，体味到隐含在这些诗里的许多朴素的科学哲理和物候信息。一些看来互不相干的事物，通过揭示其内在矛盾可以把它们联系在一起，从而使我们对事物的认识更深刻、更本质。我想，这恐怕是本套书的重要特色之一。

当今社会，科技发展所面临的矛盾是多方面、多层次的，需要我们基于科学的发展史观，作出理性的思考和明智的抉择。这应该成为我们科普创作的一个重要思路。"矛盾着的世界"这套书（《环球凉热》是其中之一册）已有了一个很好的立意。我希望它能继续出下去，尽量多选择那些时下人们所关心的热点，沿着科学与人文融合的这条路走下去，使科普读物在给人们以丰富的科学技术营养之时，也能让读者多享受一点人文之美，多感受一份理性思考的魅力。

《中华读书报》2004年7月14日

甘本祓回来了

——《茫茫宇宙觅知音》新版序

微波技术专家、教授、高级工程师、著名科普作家甘本祓。撰写过《生活在电波之中》《"超级间谍"之秘》《茫茫宇宙觅知音》等科普图书和大量科普文章

　　30年时间过去了，一本蓝灰色封面、纸张已经发黄了的书，至今仍珍藏在我的书柜之中。那便是甘本祓先生所著的《茫茫宇宙觅知音》。每次看到那本书，都会勾起我对那个年代科普创作的许多回忆，其中也包括与本祓先生因笔墨而结成的友谊。

　　20世纪80年代，是我国科普创作的黄金时期。我与甘本祓先生是同一"战壕"里的战友。因为我们都热心于科普写作，而且写的也多是电子和通信方面的内容。本祓兄创作热情高昂，是同时辗转于报刊、图书、广播等多种媒体的高产作者之一。他写的不少科普作品，如《生活在电波之中》《茫茫宇宙觅知音》以及《谁是电波报春人》等，脍炙人口，堪称那个年代的精品佳作。

　　"求新"是甘本祓作品的一个重要特色。他善于抓住科技发展的脉络，以通俗诱人的笔法，对发生在我们身边的许多重大科学事件进行解读，使人们在获取知识的同时，引发出对科学的浓厚兴趣。《茫茫宇宙觅知音》便是很好的范例。

　　从古到今，浩瀚无边的宇宙，始终牵动着地球人的万千思绪，引发了人们无数美好的想

《茫茫宇宙觅知音》新版封面

象。在茫茫宇宙中寻觅"知音"，也变成了人类挥之不去的"情结"（有人称它是"外星情结"）。在《茫茫宇宙觅知音》中，甘本祓便紧紧抓住了人们对宇宙生命的好奇以及解开宇宙太空之谜的强烈愿望，把人类远征太空、寻觅"知音"的壮举，如一幅幅壮丽的画卷展现在读者面前。这里既有知识的铺陈，也有想象力的驰骋，亦真亦幻皆成文章，使人读后不由思绪起伏，多了一份亲近科学、探求未知世界的渴望。

在甘本祓的科普作品里，不仅有对人类创造科学奇迹的讴歌，也不乏对其负面影响的人文关怀和哲理性思考。它告诉人们，环境的恶化将会造成全球气候变暖的灾难性后果；提醒人们在享受电波带来声色盛宴的同时，要警惕它对人类健康可能造成的威胁。这些今天看来已是十分急迫的警示，却出现在30年前甘本祓的科普作品里，不能不说，这是很难得的意识超前。

甘本祓是率先垂范科学与人文交融的作者之一。在他的科普作品中，常以生动形象的比喻、诗一般的语言来诠释现代科学技术，使人读来兴味盎然，倍感亲切。如在《谁是电波报春人》一文中，他是这样开头的："春给人以幻想的启示；春，

阔别20余年后的重逢（左为著名科普作家甘本祓，2012年10月）

给人以美的陶醉；春，唤起人们对新事物的热爱和向往……"他在营造了一个"春"的意境之后，便将笔锋一转直入主题："当你在这科学的春天里学习和工作的时候；当你从收音机的喇叭声中、电视机的荧光屏上感受到春的气息的时候；当你伴随着电唱机、录音机放出春的旋律翩翩起舞的时候，你可曾想到过与这一切相联系的电波的传播？你可曾思考过那千百个为电子科学而献出青春的科学家们所给予你的启示？你可曾问过：谁是电波报春人？"甘本祓的文章便是这样让科学的传播变得生动、有趣，让读者在不知不觉间随他进入"桃

花深处"的。这不仅是甘本祓作品的一种风格，更是一种境界。今日，当我们还在为科普读物"叫好不叫座"而忧虑时，重读甘本祓的科普作品会给我们以诸多启示。或许，从它那里我们会找到变艰涩为浅近，化枯燥为生动的可供借鉴的途径。我想，30年后重印《茫茫宇宙觅知音》，恐怕这也是着眼点之一吧。

甘本祓先生作品之深刻，来源于他深厚的专业功底。20年的教学实践以及日后那段科研经历，都为他的科普创作奠定了坚实的基础，使他在电子科普领域里能驾轻就熟、游刃有余。甘本祓先生作品之生动，得益于他深厚的文化积累以及他对科普作品通俗化的深刻理解。他的科普作品的魅力不只在于取材、构思之新颖，还在于他能巧妙地把科学性、新闻性、故事性融为一体，使科学知识的传播如春风细雨一般，悄然浸润每个读者的心扉。

"甘本祓回来了！"封笔20多年的他，挥毫再续科普前缘，是科普界之幸事。

"甘本祓回来了！"除了岁月在他的两鬓留下了些许霜痕之外，似乎一切都没有变：浓重的乡音、风风火火的办事风格，还有那不减当年的创作激情。《生活在电波之中》和《茫茫宇宙觅知音》的相继再版，唤起人们对20世纪80年代活跃在科坛的、年轻的甘本祓的记忆，使我们有机会再一次领略他独特的创作风采。而当他再一次带着积淀丰厚的新作和奔放的创作热情回到我们中间的时候，我想，他一定还会再续与电波的前缘，再写《茫茫宇宙觅知音》的续篇，再谱写现代电信这一"青春的事业"……

我翘首以待。

2013年春节于杭州

又"见"松鹰

——读《可怕的微机小子》姐妹篇有感

我与松鹰先生素未谋面，却久闻大名。特别是读了他的一系列电子发明家传记后，更是过目难忘。2011年，他的《电子英雄》获首届中国科普作家协会优秀作品奖，进一步引起了业界的广泛关注。

不久前，松鹰先生又重执如椽大笔，再续电子发明家传记的创作，一举推出了《可怕的微机小子乔布斯》和《可怕的微机小子比尔·盖茨》两部佳作，把两个生活在同一年代，在电子世界里叱咤风云、屡创奇迹，并彻底

松鹰著作书影

改变人类生活方式的科技精英，再一次生动地呈现在我们的面前。

比尔·盖茨和乔布斯名闻遐迩，而且他们一生的传奇经历已被演绎成很多文字，屡见于书刊和报端。因此，写他们的传记并不容易，有个如何创新和超凡脱俗的问题。看完松鹰先生写的这两本书后，疑虑尽释；其清新有如春风拂面，丝毫没有"似曾相识"的感觉。我想，这主要是由于松鹰先生的作品不仅立意高，而且擅讲故事。在不长的篇幅里，他紧紧抓住这两位传奇人物在成长和创业中每个阶段非同凡响的经历，通过一个个生动感人的故事，淋漓地展现了他们的精神世界。特别是对一些细节的铺陈，写得十分到位。无论是传主还是相关人物，个个都写得栩栩如生，跃然纸上，令人读后回味无穷、掩卷难忘。

松鹰先生的作品十分注重谋篇布局。目录中一个个看似彼此孤立的传主生活片段，都被他用一根无形的线串接了起来，犹如一串珍珠，不仅颗颗璀璨，还呈现出珠联璧合的整体美。他的文章词语朴实，难觅雕琢的痕迹；通篇如行云流水，读后不无畅快淋漓之感。他构思严密，一些看来与传主骄人业绩不那么相干的事，细心琢磨却多为作者有意的铺垫或埋下的伏笔，烘云托月、顺理成章，使作品更具慑人的力量。

在松鹰先生的两部新作中，不仅传主光彩夺目，就连与他们共同创业的合作者，以至于父母、师长、挚友，都写得十分生动。作品并没有把传主写成单枪匹马闯天下的英雄，而只是一个群星闪耀时代里勇立潮头的人物。这不仅还原了历史的真实，也使作品更加可信，更具有打动读者的力量。这也反映了作者对传和史的关系有一个较深刻的理解。

举个例子来说。松鹰先生在写乔布斯的时候，始终没有忘记在与比尔·盖茨比照。这不仅是由于他们生于同一年代，更由于他们都在同一个电子领域施展改变世界的宏图，他们之间的合作、争斗，甚至出语不逊的彼此戏谑，都是他们生活中不可忽视的现实。通过这些，作者不仅加深了对传主性格的刻画，也把这个时代各路人物为改变世界那种"业不惊人死不休"的豪情壮志写得入木三分。

写科学家、发明家的传记，如何在写他们成长过程、心路历程的同时，让读者对他们所挚爱的事业有所了解，以至于升华到对科学理想的追求和热爱上，这是一个"坎"，也是一个难点。然而，当我们读松鹰先生这两本书时，并没有觉得这里有使我们难以卒读的科学术语、名词，而是在不知不觉间，便随着发明家的足迹一步一步走进电子世界、网络时代的殿堂，分享他们创造的乐趣。看了这两本书，我们就会知道iPhone、iPad给我们带来什

2010年10月，作家松鹰（左1）在四川省科普作家协会召开的"松鹰科学文艺作品研讨会"上

么，它们又预示着什么；计算机是如何一步步走进我们的生活，它又是怎样改变我们的生活方式，以至于颠覆这个时代的；硬件和软件又有怎样的经历，等等。这使我们对发生在身边的这场科技革命的脉络感到亲切可循，并引发对它未来的种种联想。

松鹰先生对两位传奇人物史诗般的一生，是从多个角度、多个视点进行描述的，因而有"横看成岭侧成峰"的感觉。不同的读者都可从他的作品中受益：他写两个传奇人物的少年时代，着重写了他们对电子科技的痴迷，写他们非同寻常的好奇心和求知欲，这对少年读者会有很大的激励；他写乔布斯"屡战屡败、屡败屡战、永远不会趴下"的创业历程，写盖茨以不断创新来实现"鲸吞所有竞争者"的雄心，都有骨有肉，生动感人。这对正在创业或即将迈向创业道路的年轻一代是巨大的动力。在这两个传奇人物身上，人们或许会汲取重塑自身的力量。乔布斯"活着就是为了改变世界"以及"把每一天都当成生命中的最后一天"的人生哲理，以及比尔·盖茨对待财富那种超凡脱俗的豁达情怀，都赢得了全世界很多人的共鸣。这像是一曲曲不朽的乐章，将永远在这个世界的上空回响，它激励着人们，并推动世界的进步。

有人说，科普作品需要文学来"包装"。其实，光靠"包装"是出不来好作品的。只有当作者把科学与文学深层次地融为一体时，才会使作品变得深刻，让读者享受到真正的"悦读"效果。松鹰先生的两部作

2014年10月，松鹰（左）与刘兴诗同台领取中国科普作家协会优秀科普作品奖

品，为我们在科普写作中实现科学与人文的融合，作出了很好的示范，值得我们细细地品尝。

　　松鹰先生是一位十分难得的文理兼修、同时又是转战于文学和科普两个领域的两栖作家。我祝贺他所取得的每一项成绩，并翘首期待他下一部新作的问世。

2013年11月于北京